建筑中的龙凤艺术

徐华铛 著绘

双凤护花　翩翩来福

卷首语

龙凤，中国建筑艺术中的一道绚丽光环

龙，威武矫健，宏浑潇洒，兴云吐雾；凤，集羽族之美，五彩备举，美丽华贵。龙和凤，是中华民族由来已久的装饰形象，在中国历史的传统文化中扮演了十分重要的角色。它们或威武矫健，或隽雅秀美，象征高尚富贵，比喻喜庆吉祥，寓意江山社稷，千百年来受到各代人民普遍而持久的欢迎。龙和凤，以独特的文采和格调，毫无愧色地步入东方艺术之林，成了中华民族发祥和文化肇端的标志。

龙凤的演变源远流长，它从彩陶时代的朦胧状态开始，就受到人们的顶礼膜拜，在它们身上凝聚着统治者威严尊贵的美，也寄托着人们的理想和精神。

历代的艺术家们以丰富的装饰语言和富有韵律感的美好线条，生动地刻画了龙和凤这两个多姿多彩的美好形象，构成了各个时代不同的艺术风韵：春秋战国的古雅朴拙，秦汉时期的雄健豪放，隋唐时期的健壮圆润，宋元时期的清秀典丽，明清时期的繁复华丽。当然，这六个划分也不是绝对的，因龙凤的演变在整个历史发展中无法决然割裂，后一个阶段总多少保留着前一个阶段的风格和特色，并与当时人们的精神面貌和文化艺术相附相存，息息相关。龙凤的演变正是不断地吸取着各个不同时代的精神营养而不断新生、不断发展。

龙凤形象，在中国建筑艺术中的运用，广泛而频繁，多姿又多彩。如把中国传统建筑艺术比喻为中华民族遗产中一颗璀璨夺目的明珠，那么，腾飞在传统建筑上的龙凤，则是这颗明珠放射出的一道最为绚丽多彩的光环。本书紧扣建筑中的龙凤形象展开，分上下两篇，上篇为龙凤的家族和造型，下篇为腾飞在建筑中的龙凤。

正吻（山西大同华严寺）

目录

中华龙（铜雕）

上篇
龙凤的家族及其造型

龙凤起源于我国原始氏族社会的图腾崇拜，龙形体的基调就是蛇，而凤的基调就是鸟，这可以从商周两代的玉器和青铜器的造型和纹饰上得到证实。此后，龙凤的形象在历代人民的手中，代代传承又代代发展，现已达到出神入化的境界。从龙凤的演变中，我们清楚地认识到，它们是历代人民智慧和理想的结晶。我们的祖先展开想象的翅膀，有机地集中和概括了现实生活中多种禽兽的局部，创造出世上并不存在的龙凤形象。龙和凤虽是世人虚构的，但它们的头部、躯体、足爪和尾部却取自生活中真实的动物。反映了我国古代先人在现实生活中的意识形态，也体现了祖先们对美的执着追求。在这一篇章中，将较为详细地讲述龙与凤的家族、它们的造型艺术及其程式化表现形式。

第一章　龙的家族

在漫长的历史岁月中，龙的形象得到不断的充实、提高和完善，龙的种类也日益增多，称呼也各有不同，并在形式上也产生一定的规范，下面我们分“龙的造型种类”、“龙生九子”、“麒麟，龙家族中一员”三个部分进行叙述。

（一）龙的造型种类

龙从奴隶社会开始，便有了具体形象，它们代代相传，又代代演变和发展，其装饰纹样相继出现在青铜器、漆器、陶瓷、织染刺绣、金银首饰和建筑工艺上，其种类主要有夔龙、虺、蟠螭、虬、蛟、角龙、应龙、黄龙、蟠龙、青龙、鱼化龙等。

1. 夔龙

夔龙为想象性的单足神怪动物，是龙的萌芽期，为商的族徽。

《山海经·大荒东经》描写夔是：“状如牛，苍身而无角，一足，出入水则必风雨，其光如日月，其声如雷，其名曰夔。”但更多的古籍中则说夔是蛇状怪物：“夔，神魅力，如龙一足。”在商晚期和西周时期青铜器的装饰上，夔龙纹是主要纹饰之一，形象多为张口、卷尾的长条形，外形与青铜器饰面的结构线相结合，以直线为主，弧线为辅，具有古拙的美感（图1－1）。

2. 虺

幼年期的龙称为虺，“虺五百年化为蛟，蛟千年化为龙”。虺是爬虫类——蛇的形象引申出来的，常在水中。虺曾出现在西周末期的青铜器和春秋时期的玉器装饰上，但不常见（图1－2）。

3. 虬

虬是成长中的子龙。虬的说法有两种，一种是没有生出角的小龙称为虬龙，古文献中注释：“有角曰龙，无角曰虬。”另一种则说幼龙生出角后才称虬。两种说法虽有出入，但都把成长中的龙称为虬。角成了区别虬的标志，其实古代文献对龙的角有这样的记载：“雄有角，雌无角，龙子一角者蛟，两角者虬，无角者螭也。”《抱朴子》对虬又有这样的记载:“母龙称为蛟,子龙称为虬。”还有的把盘曲的龙称为虬龙，唐代诗人杜牧在《题青云馆》诗中就有“虬蟠千仞剧羊肠”之句（图 1 － 3）。

4. 蟠螭

没有角的早期龙叫蟠螭，呈蛇状，《广雅》集里就有“无角曰螭龙”的记述。蟠螭又指雌性的龙，在《汉书 · 司马相如传》中就有“赤螭，雌龙也”的注释，故在出土的战国玉佩上有龙螭合体的形状作装饰，意为雌雄交尾。春秋至秦汉之际，青铜器、玉雕、铜镜或建筑上，常用蟠螭的形状作装饰，其形式有单螭、双螭、三螭、五螭乃至群螭多种。它们或作衔牌状，或作穿环状，或作卷曲状。此外，还有博古螭、环身螭等各种变化（图 1 － 4）。

5. 蛟

蛟，亦称蛟龙，能发洪水。相传蛟龙得水即能兴云作雾，腾踔太空。蛟在古文中常

图 1-1 夔龙

图 1-2 虺

图 1-3 虬（玉雕 · 战国）

图 1-4 蟠螭 （青铜器 · 战国）

图 1-5 蛟

比喻获得施展机会的能人。对蛟的来历和形状，说法不一，有的说“龙无角曰蛟”，有的说“有鳞曰蛟龙”。而《墨客挥犀》卷三则说：“蛟之状如蛇，其首如虎，长者至数丈，多居溪潭石穴下，声如牛鸣。倘蛟看见岸边或溪谷之行人，即以口中之腥涎绕之，使人坠水，即于腋下吮其血，直至血尽方止。岸人和舟人常遭其患。”南朝《世说新语》中有周处入水三天三夜斩蛟而回的故事。综上所述，我们是否可以把栖息于水中的鳄鱼称为蛟？（图 1 － 5）。

6. 角龙

有角的龙称为角龙。据《述异记》记述“蛟千年化为龙，龙五百年为角龙”，角龙便是龙中之老者了(图1 － 6)。从古物学的角度看，角龙是生活于白垩时期的一种草食性恐龙，特征为颅骨上有角，嘴呈喙状。它不属于本书讲的内容。

7. 应龙

生翅的龙称为应龙。古籍《广雅》记述：“有鳞曰蛟龙，有翼曰应龙。”又据《述异记》中记述：“龙五百年为角龙，千年为应龙。”应龙称得上是龙中之精了，故长出了翼。应龙的特征是生长双翅，鳞身脊棘，头大而长，吻尖，鼻、目、耳皆小，眼眶大，眉弓高，牙齿利，前额突起，颈细腹大，尾尖长，四肢强壮，宛如一只生翅的扬子鳄。在战国的玉雕，汉代的石刻、帛画和漆器上，常出现应龙的形象（图 1−7）。

8. 黄龙

黄龙是中国龙的正宗，即代表皇权帝德的宫廷龙。黄龙全身为黄色，在天空飞行或在地上跑动时，能闪出一道道金黄色的光芒。人们历来把中原的黄河比喻为黄龙。

早期的黄龙是夔龙、应龙的结合体。从明代到清代，是黄龙的鼎盛期，创造了许多举世闻名的艺术杰作，大多在宫殿庙宇中，如“九龙壁”中的龙，宫殿中的石雕、木雕、铜铸、金银彩绣龙等，以其宏大的气魄昭示出劳动人民的智慧和艺术才能（图 1 － 8）。

9. 蟠龙

蛰伏在地而未升天之龙称为蟠龙，其形状作盘曲状环绕。在我国古代建筑中，一般把盘绕在柱上的龙和装饰在梁上、天花板上的龙习惯地称为蟠龙（图 1 － 9）。在《太平御览》中，对蟠龙又有另一番解释：“蟠龙，身长四丈，青黑色，赤带如锦文，常随水而下，入于海。有毒，伤人即死。”

10. 青龙

青龙又称苍龙，是“四灵”或“四神”之一。我国古代的天文学家将天上的若干星星分为二十八个星区，即二十八宿，用以观察月亮的运行和划分季节。二十八宿分为四组，每组七宿，分别以东、南、西、北四个方位，青、红、白、黑四种颜色以及青龙、朱雀、白虎、玄武（龟蛇相交）四种动物相配，称为“四象”或“四宫”。龙表示东方，青色，因此称为“东宫青龙”。到了秦汉，这“四象”又变为“四灵”或“四神”（龙、凤、龟、麟）了，神秘的色彩也愈来愈浓。现存于南阳汉画馆的汉代《东宫苍龙星座》画像石，是由一条龙和十八颗星以及刻有玉兔和蟾蜍的月亮组成的，这条龙就是整个苍龙星座的标志。汉代的画像砖、石和瓦当中，便有大量的“四灵”形象（图 1 － 10）。

图 1-6 角龙

图 1-7 应龙

图 1-8 黄龙

图 1-9 蟠龙

图 1-10 青龙（“四神”雕塑之一）

11. 象鼻龙

上腭呈象鼻状上卷的龙称为象鼻龙。此龙始自西周时期，一直延续到清代。象鼻龙形状源自图腾，因象是东夷虞舜氏的图腾，而虞舜为黄帝族的苗裔，以黄帝后裔自命的周人就把虞舜的图腾“象”与自己的图腾“龙”复合，诞生了象鼻龙。而后，历代人都认为黄帝是华夏的始祖，象鼻龙就成为龙的一个种类流传下来。至今在西藏的建筑中还有象鼻龙的头脊（图 1 － 11）

12. 鱼化龙

鱼化龙是“龙鱼互变”的龙，常见的形象为龙头鱼身。鱼化龙的造型早在商代晚期便在玉雕中出现，并在历代得到发展。《说苑》中就有“昔日白龙下清冷之渊化为鱼”的记载。《长安谣》说的“东海大鱼化为龙”和民间流传的鲤鱼跳过龙门，均讲述了龙鱼互变的关系。

鱼化龙的传说源于江苏连云港市渔湾，古时候渔湾有一道浩大而寒冷的瀑布，无鱼能够靠近。于是玉皇大帝宣布：四海之鱼如

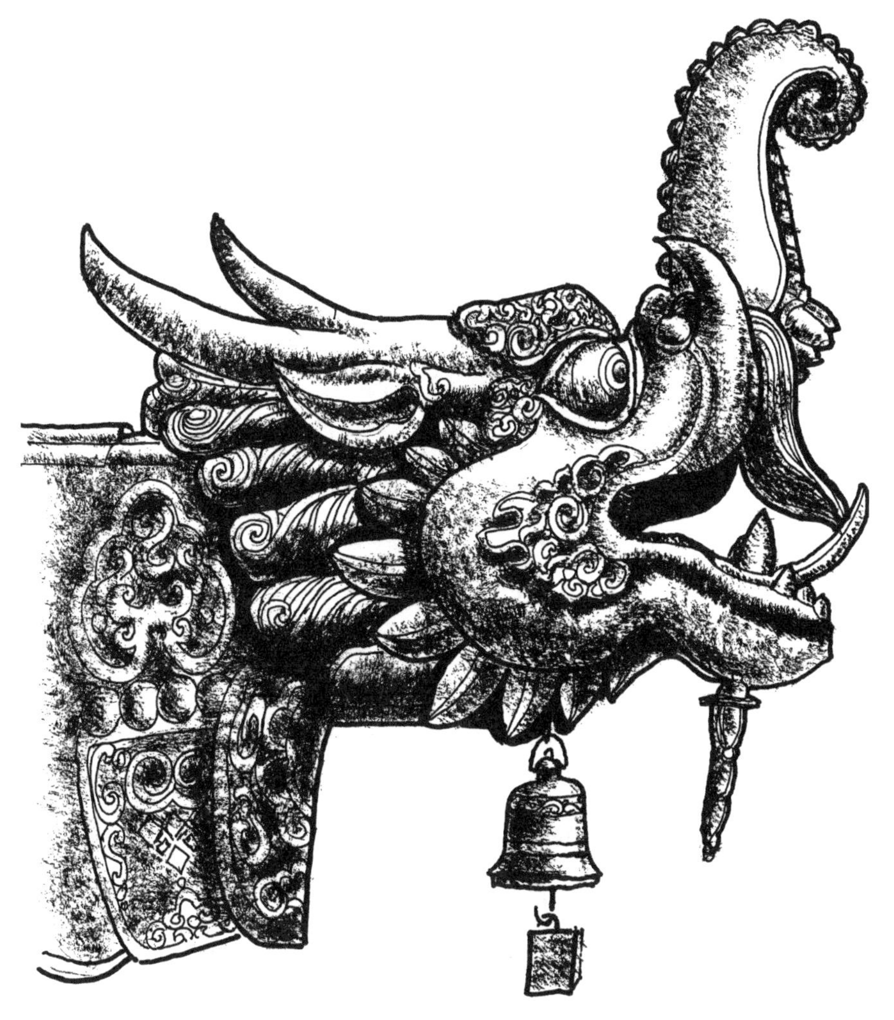

图 1-11 象鼻龙（藏族建筑中的屋脊装饰）

果能够游到瀑布下者便可以成龙。众鱼都想成龙，但是瀑布的底部到溪口流入的大海处有千米距离，百米的落差，最强壮的鱼也只能上行到几十米便败下阵来，化龙之事可望而不可及。当时渔湾还是海岛，东海一条大鲤鱼带着两个孩子勇敢地向瀑布方向发起冲击，多少次眼看快要游到瀑布下，又被水流冲进大海，然而，他们锲而不舍。为了不让激流冲走，他们各自挖掘一个深潭，作为冲击时的接力处。经过七七四十九天痛苦修炼，他们终于游到瀑布下面化成了龙。为了纪念三条化龙的鲤鱼，人们把这三个潭分别叫作老龙潭、二龙潭、三龙潭。据说当山中起雾时，人们能够看到龙从潭中探头的身影。现在，连云港市渔湾风景区的龙腾海啸广场耸立了十五米高的“神鱼化龙”铜雕塑，这尊雕塑是目前国内最大的龙头鱼身像，被誉为“天下第一龙首”（图 1 － 12）。

（二）龙生九子

除了正宗龙的造型以外，还有不少变异的龙种，人们历来把这些变异的龙种称为龙

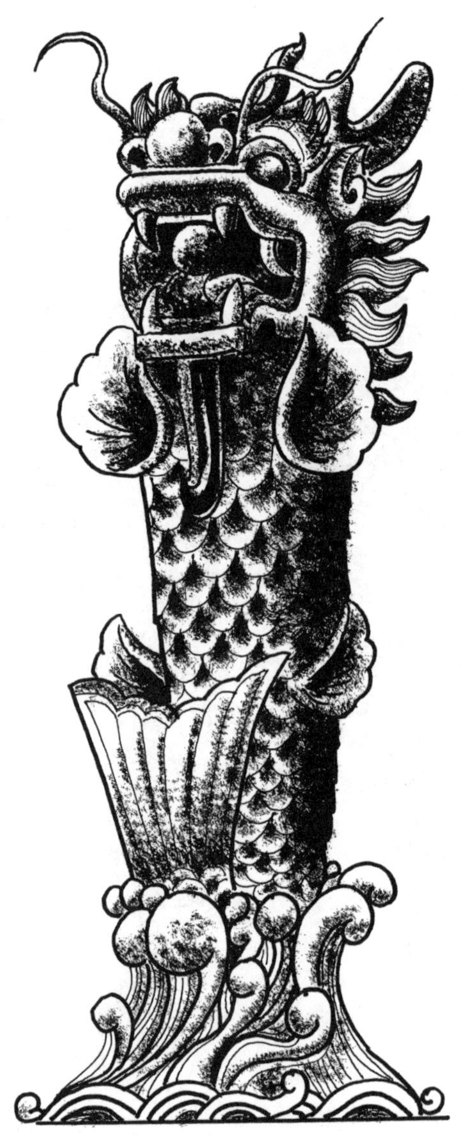

图 1-12 鱼化龙

的儿子。据记载，变异龙种有十四种，后人又增加到十八种。由于中国传统中习惯以“九”为最大的数字，九是个虚数，也是贵数，有至高无上地位，所以用来描述龙子的种数，故统称这些龙种为“龙生九子”。

明清之际，民间有“龙生九子不成龙”的传说，但是九子为何物，并没有确切的记载。然而，这一公案却由于明代一位“真龙天子”的好奇而有了结果。据说一次早朝，明孝宗朱祐樘突然心血来潮，问以饱学著称的礼部尚书、文渊阁大学士李东阳：“朕闻龙生九子，九子各是何等名目？”李东阳仓卒间一时难以回答。退朝后，李东阳向几名同僚询问，又糅合民间传说，七拼八凑，才拉出了一张清单，把龙的九个儿子说成是性格各异的殊物，向皇帝交了差。按李东阳的清单，龙的九子是：囚牛、睚眦、嘲风、蒲牢、狻猊、霸下、狴犴、负屃和螭吻。

后来李东阳把这件事收录在他著的《怀麓堂集》中，该书在涉及龙的篇目中，把龙

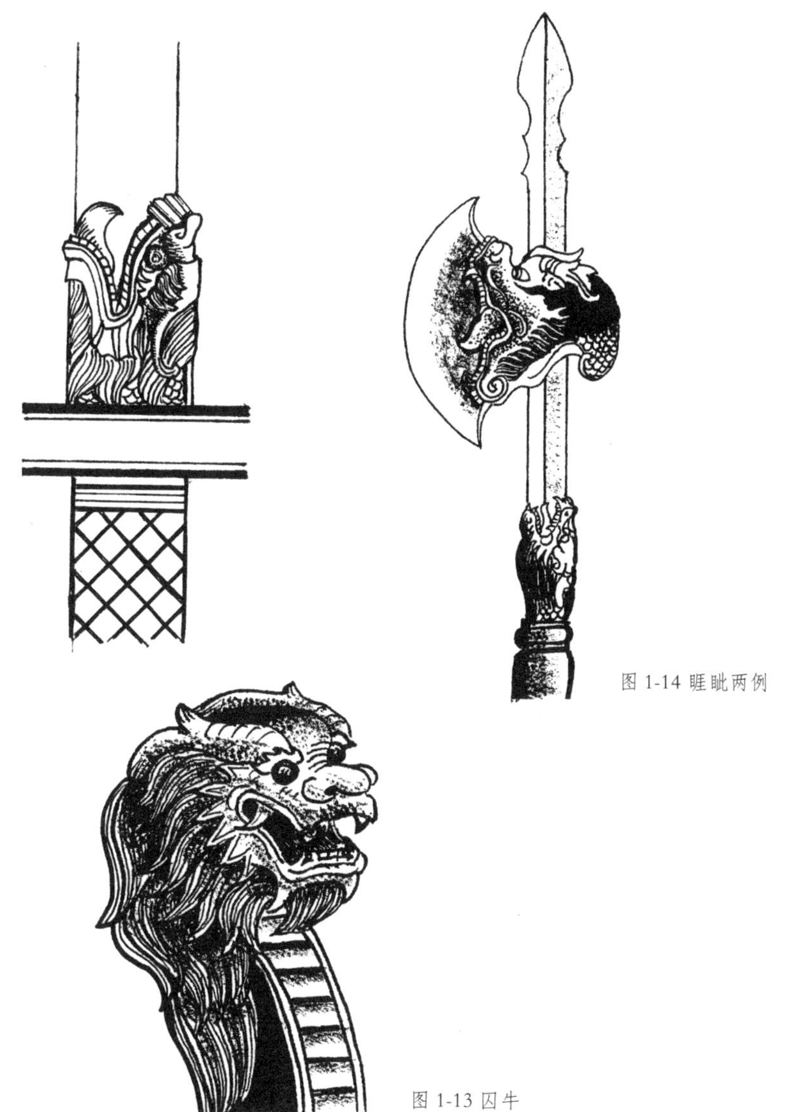

图 1-14 睚眦两例

图 1-13 囚牛

生的九个儿子加以丰富和完善，后来成了龙生九子的一个依据。

龙生的九子，地位虽比正宗的龙要低下，却性格殊异，各有所司，恰到好处地装饰在各个地方。

1. 龙生第一子：囚牛

——蹲在琴头听音律的龙子

囚牛，长得龙头蛇身，性情温顺，不嗜杀，不逞狠，耳音奇好，能辨万物声音，是龙生九子中的老大。囚牛平生爱好音乐，常常蹲在琴头上欣赏弹拨弦拉的声音，因此琴头上便留下了它的形象。这个装饰一直沿用至今，一些贵重的胡琴头部至今仍刻有龙头的形象，称其为“龙头胡琴”。这位富有音乐天赋的龙子，不仅出现在汉族的胡琴上，在彝族的龙头月琴、白族的三弦琴，以及藏族、蒙古族的一些琴上，也都有囚牛扬头张口的形象（图 1 － 13）。

2. 龙生第二子：睚眦

——把关龙吞口的战神

睚眦，龙身豺首，性格刚烈，好勇擅斗，嗜杀好胜，排行老二，是龙子的战神。睚眦发怒时瞪起的凶恶眼神，也被古人用来描述“怒目而视”。司马迁著的《史记》中，对“范雎报仇”一段的评价，便是“一饭之德必偿，睚眦之怨必报”，于是，诞生了“睚眦必报”这个成语。要报就不免腥杀，好斗腥杀的睚眦，平生总是怒目而视，刀环、剑柄、龙吞口便有它的形象把关。这些武器装饰了睚眦的形象后，更增添了慑人的力量。睚眦不仅装饰在沙场名将的兵器上，还大量地用在仪仗和宫殿卫士的武器上，显得威严而庄重。睚眦，成了克煞一切邪恶的化身（图 1 – 14）。

3. 龙生第三子：嘲风

——站在殿角的排头兵

嘲风，形似兽，平生好险又好望，排行老三。传说嘲风为盘古的心，常用其形象装饰在殿脊台角上。这些走兽的排列呈单行队，挺立在垂脊的前端，领头者是一位骑禽的“仙人”，后面依次为龙、凤、狮子、天马、海马、狻猊、押鱼、獬豸、斗牛和行什。

这些殿宇檐角小兽都有消灾灭祸、翦除邪恶的美好含意。龙、凤，是皇权帝后的象征，反映了封建帝王至高无上的尊贵地位，更是我国民族发祥和文化肇端的标志。

狮子是“百兽之王”，庄严雄强，威风凛凛，体现了中华民族的宏伟气魄，折射出华夏神州的灿烂文化，它们和龙凤一样，是中国的象征。

天马、海马，我国古代神话中吉祥的化身。

狻猊，古书记载是与狮子同类的猛兽，代表勇猛、威严，能慑伏群兽。明代大学士李东阳把它说成是“龙生九子”中的第五子。

押鱼，是海中异兽，传说和狻猊都是兴云作雨，灭火防灾的神。

獬豸，我国古代传说中的猛兽，与狮子类同。《异物志》中说“东北荒中有兽，名獬豸”。一角，性忠，见人斗则不触直者，闻人论则咋不正者。它能辨曲直，又有神羊之称，是勇猛、公正的象征。

斗牛，传说中是一种虬龙，据记载：斗牛遇阴雨作云雾，常蜿蜒道路旁及金鳌玉栋坊之上，是一种能除祸灭灾的吉祥小神物。

行什，一种带翅膀的猴，背生双翼，手持金刚宝杵，传说宝杵具有降魔的功效。因排行第十，故名“行什”。其造型颇像传说中的雷公，是防雷的象征。

嘲风走兽的安放最多使用九个，只有北京故宫的太和殿才能十样俱全，放十只走兽，取意“十全十美”，这在中国宫殿建筑史上是独一无二的。中和殿、保和殿、天安门都是九个，次要的殿堂则要相应减少。嘲风的安放，富丽堂皇，充满艺术魅力，达到庄重与生动的和谐，宏伟与精巧的统一，使高耸的殿堂平添一层壮美而神秘的气氛（图 1 – 15 至图 1 – 23）。

4. 龙生第四子：蒲牢

——吼声惊四座的钟钮

蒲牢，形似盘曲的龙，平生好鸣好吼，排行第四。蒲牢原来居住在海边，虽为龙子，却一向害怕庞然大物的鲸鱼。一旦鲸鱼发起攻击，它就吓得战战兢兢并发出大声吼叫，其叫声铿锵洪亮。人们根据其“性好鸣”的特点，“凡钟欲令声大音”，即把蒲牢铸为洪钟的钟钮，而把敲钟的木杵制作成鲸鱼形状。敲钟时，让鲸鱼一下又一下撞击蒲牢，

图 1-15 嘲风之“龙”

使之吓得乱叫，以令铜钟声“响入云霄”，且“传声独远”。如今，每一口古钟上，大都有蒲牢的身影（图 1 － 24）。

5. 龙生第五子：狻猊

——蹲在香炉脚部的狮子座

狻猊，又名金猊、灵猊，形似狮子，是一种相貌轩昂的神兽，排行第五。古书记载，狻猊是能食虎豹的猛兽，亦是百兽之王。然而，狻猊平生喜静好坐，又喜欢烟火，佛祖见它有耐心，便收在胯下当了坐骑。因此佛座和香炉脚部的装饰就是它的形象。相传狻猊是随着佛教在汉代从印度传入中国的，经过民间艺人的创造，狻猊的造型显示出中华民族的传统气派。狻猊大多安置在佛陀、菩萨的坐像前，时刻听候召唤。守门狮子颈下项圈中间的龙形装饰物也是狻猊的形象，它使守卫大门的中国传统门狮更为威武（图 1 － 25、26）。

文殊菩萨的坐骑也叫狻猊。如今，在文殊菩萨的道场五台山，还留着古人供奉狻猊的庙宇，因狻猊排行第五，这座庙又名“五爷庙”。

图 1-16 嘲风之“凤”

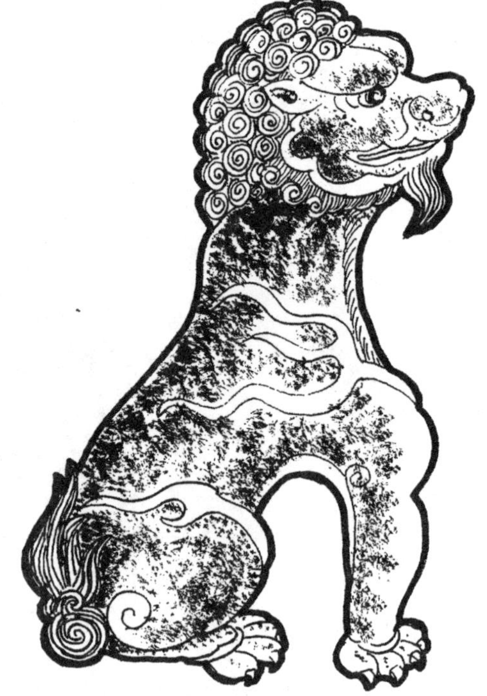
图 1-17 嘲风之“狮子”

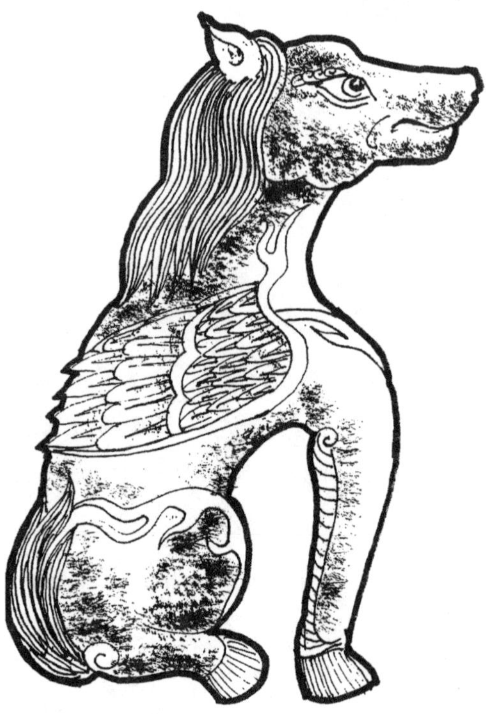
图 1-18 嘲风之“天马”

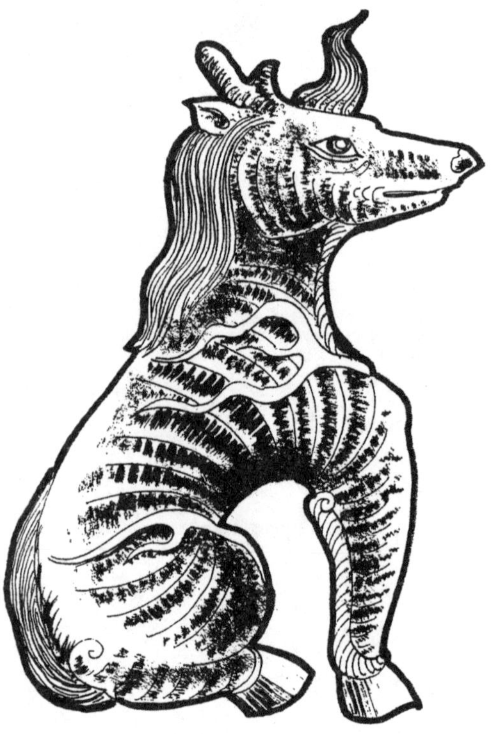
图 1-19 嘲风之“海马”

图 1-20 嘲风之“狻猊”

图 1-21 嘲风之“押鱼”

图 1-22 嘲风之“獬豸”

图 1-23 嘲风之“斗牛”

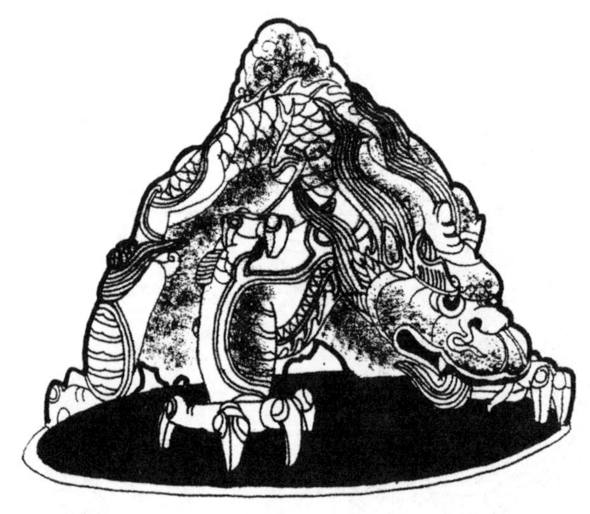

图 1-24 蒲牢两例

6. 龙生第六子：负屃

——爱好风雅的文龙

负屃，身似龙，头似狮，平生好文，排行老六，是龙子中一位风雅的文龙，石碑上端与两旁的图案装饰是其形象。

我国石碑历史久远，内容丰富，有的造型古朴，碑体细滑，光可鉴人；有的刻制精致，字字有姿，笔笔生动；也有的是名家诗文，脍炙人口，千古称绝。而负屃十分爱好这种闪耀着艺术光彩的碑文，它甘愿化做图案文龙去衬托这些传世的文学珍品，把碑座装饰得更为典雅秀美。负屃互相盘绕，看去似在慢慢蠕动，和底座的霸下配在一起，相得益彰（图 1 － 27）。

7. 龙生第七子：霸下

——力拔山兮驮功德的龟趺

霸下，又名赑屃，形似龟，故又称石龟，平生好负重，力大无穷，排行老七，碑座下的龟趺便是其形象。

霸下的由来有两种传说，传说一是：霸下在上古时代常驮着三山五岳，在江河湖海里兴风作浪。后来大禹治水时收服了它，它

图 1-25 狻猊之一（香炉脚部的装饰）

图 1-26 狻猊之二（狮子颈下项圈中间的装饰）

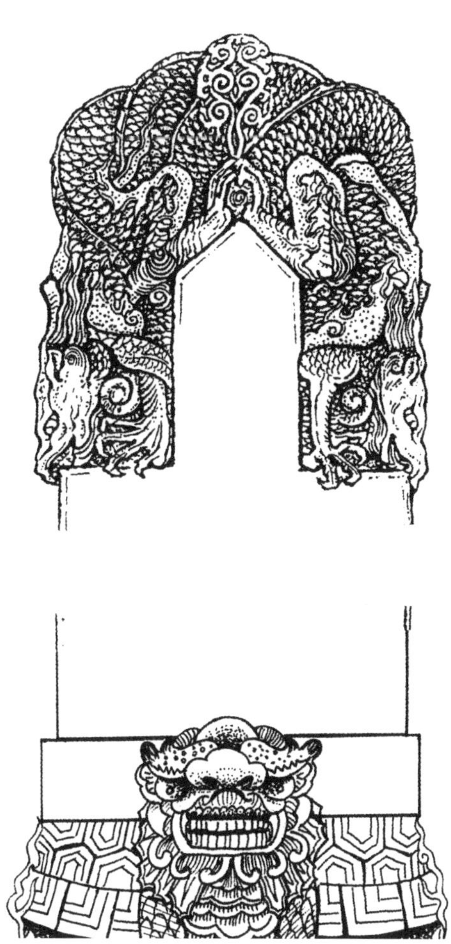

图 1-27 负屃（石碑上端的装饰）

图 1-28 霸下（石碑碑座下的龟趺）

服从大禹的指挥，推山挖沟，疏通河道，为治水做出了贡献。洪水治服了，大禹担心霸下又到处撒野，便搬来特大石碑，上面刻录着霸下治水的功绩，叫霸下驮着。沉重的石碑压得霸下不能随便行走，然而，它总是吃力地向前昂着头，四只脚拼命地撑着，挣扎着向前走，但总是移不开步。

传说二是：龙子们曾下凡助朱元璋打下大明江山，可当它们要回天庭复命时，朱元璋的四子朱棣，也就是后来的明成祖不想放它们走，便对霸下说："你若能驮动太祖皇帝的功德碑，我便让你回去。"霸下不知是计，便答应下来。那知驮上后再也无力动弹，因为功德是无量的，霸下驮得起，却迈不开步。从此霸下被压在功德碑之下。

霸下是长寿和吉祥的象征，我国一些显赫石碑的基座都是由霸下驮着。霸下和龟十分相似，故霸下又称石龟，但细看却有差异，霸下有一排牙齿，而龟类却没有，霸下和龟类在背甲上甲片的数目和形状也有差异。霸下的形象在古迹胜地中都可以看到（图 1 － 28）。

8. 龙生第八子：狴犴

——震慑罪犯的克星

狴犴，又名宪章，形似虎，浑身带刺，集勇猛、忠诚、正义于一身，排行老八。狴犴的来历颇有传奇色彩：相传舜帝命大禹治水，大禹进入巴蜀大地时，当地生灵习惯于沼泽潮湿的自然环境，竭力反对大禹率领的治水大军用“疏导”方法治理洪泽，它们公推蜈蚣为大元帅，向治水大军展开了激烈的反抗，所到之处，毒汁如火焰般喷射，大地变成焦土，治水大军损失惨重。舜帝闻讯后，即命会稽人陶皋带领狴犴大军前去救援。狴犴能分泌一种腥臭的蜓汁，专门吞食毒虫恶豸。蜈蚣带领的造反大军被狴犴的蜓汁弄得丢盔弃甲，全军覆灭，使大禹治水顺利进行。为此，狴犴立了大功，后人尊它为辟邪、祛病、镇宅、保平安的神兽。

狴犴不仅能吞食毒虫恶豸，而且平生好讼，却又有威力，故狱门上部那虎头形的装饰便是其形象。狴犴还能明辨是非，秉公而断，再加上它的形象威风凛凛，因此除装饰在狱门上外，还匍伏在官衙的大堂两侧，对作奸犯科之人极有震慑力。每当衙门长官坐堂时，行政长官衔牌和肃静回避牌的上端，便有它的形象，它虎视眈眈，环视察看，维护着公堂的肃穆正气。古时牢狱的大门上，都刻有狴犴头像，因此监狱也被民间俗称为“虎头牢”（图 1 － 29）。

9. 龙生第九子：螭吻

——高耸殿脊的避火神

螭吻，又名鸱尾、鸱吻，为龙形的吞脊兽，排行老九。螭吻口阔嗓粗，平生好吞，宫殿殿脊两端的卷尾龙头是其形象。

汉代以前，重要建筑的正脊上常用凤凰来装饰，后来逐渐改用鸱尾，进而变成鸱吻和螭吻。对于它的出处，最早出现在汉武帝修建的“柏梁殿”上。当时，有大臣建议：大海中有一种鱼，尾部像鸱，也就是猫头鹰，它能喷浪降雨，不妨将其形象塑于殿上，以保佑大殿免生火灾，武帝应允。等到大殿建成之时，群臣争相请汉武帝为其赐名，汉武帝便以它长得像鸱的尾巴给起名“鸱尾”，后来渐渐演化成了谐音的“螭吻”。还有一种说法：南北朝时，印度的“摩羯鱼”随佛教传入中国，摩羯鱼在佛经上是雨神的座物，能灭火，装饰在屋脊两头可以灭火消灾，后来便演变成中国式的螭吻。螭吻属水性，用它作正脊的装饰，一可镇邪，二可避火（图 1 － 30）。

现在我们看到螭吻的背上插一剑柄，这里寄寓着一个发人深思的传说。螭吻据传是海龙王的小儿子，能兴云唤雨，扑灭火灾。龙王死后，他与哥哥争夺王位，最后商定，谁能吞下一条屋脊，谁就继承王位。龙王的小儿子口大如斗，他首先张口吞脊，哥哥自知不如其弟，又恐王位有失，便拔剑朝其弟的脖颈上刺去，把他钉死在屋脊的一端。因此，我们现在看到的螭吻张着大嘴在吞脊，其背上还留着剑柄（图 1 － 31 至图 1 － 34）。

“龙生九子”，并非龙恰好生九子。明代一些学人笔记，除李东阳的《怀麓堂集》外，陆容的《菽园杂记》、杨慎的《升庵集》、李诩的《戒庵老人漫笔》、徐应秋的《玉芝堂谈荟》等，对诸位龙子的情况均有记载，但不统一。除以上的论述外，与龙属同种的还有螭虎、椒图、蚣蝮、饕餮、貔貅、鳌鱼和龙龟等。

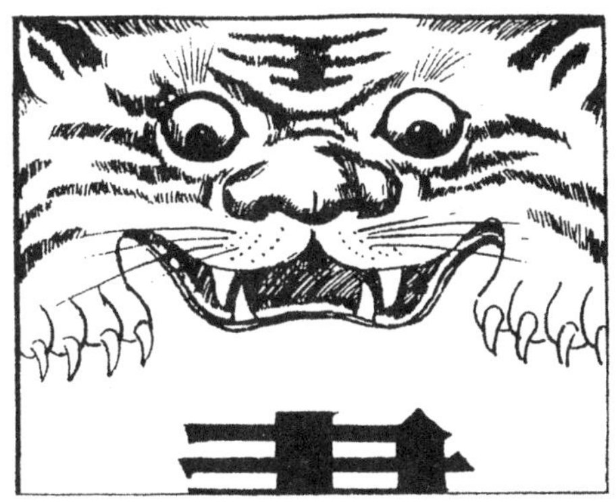

图 1-29 狴犴（衙门衔牌与牢狱大门上的装饰）

图 1-30 螭吻两例

图 1-31 螭吻（北京法源寺 · 明）

图 1-32 螭吻（山西太原晋祠 · 明）

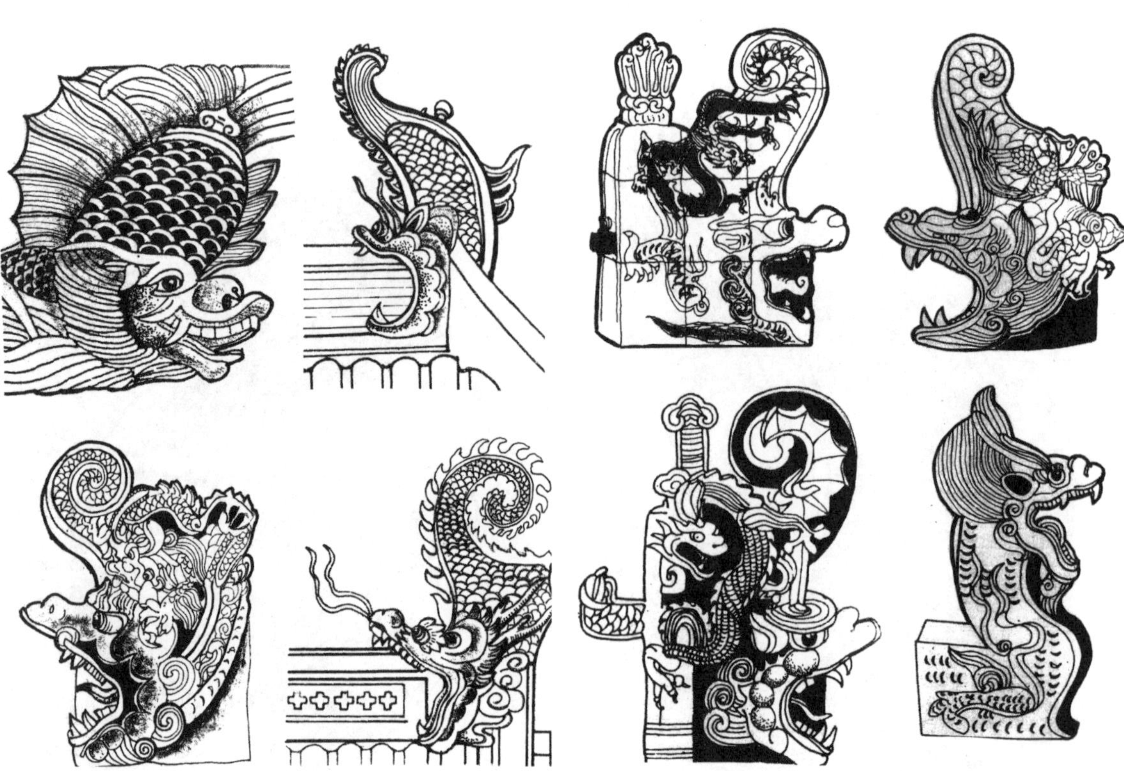

图 1-33 螭吻四例

图 1-34 螭吻四例

图 1-35 螭虎

10. 螭虎

螭虎，是螭与虎相结合的神兽，是战国以后玉器中常见的纹饰，汉代以后，使用更为广泛。据《史记》记载，汉高祖刘邦入关后，得秦始皇的蓝田玉玺，玺上的钮就是螭虎形，后成为汉的传国玉玺。汉人崇尚螭虎，班固的《封燕然山铭》中有“鹰扬之校，螭虎之士”的句子。由此可知，螭虎在中华民族传统文化中的地位，它代表的是神武与威力的王者风范（图 1 － 35）。

11. 椒图

椒图，又作辅首，形似螺蚌，头上有两只短角，性好闭。椒图遇到外物侵犯，总是将壳口紧合，最反感别人进入它的巢穴，故人们取其可以紧闭之意，将其装饰于门上的衔环，以求安全（图 1 － 36）。

12. 蚣蝮

蚣蝮，又名避水兽，螭首，形似兽头，性好水，故多嵌刻在桥洞券面之上，寓意四方平安。由于蚣蝮嘴大，肚子里能容纳非常多的水，所以多用于建筑物的排水口，称为螭首散水。传说蚣蝮能吞江吐雨，排去雨水。在故宫、天坛等我国古代经典的皇家建筑群里，便可以看到蚣蝮的身影（图 1 － 37、图 1 － 38）。

图 1-36 椒图二例

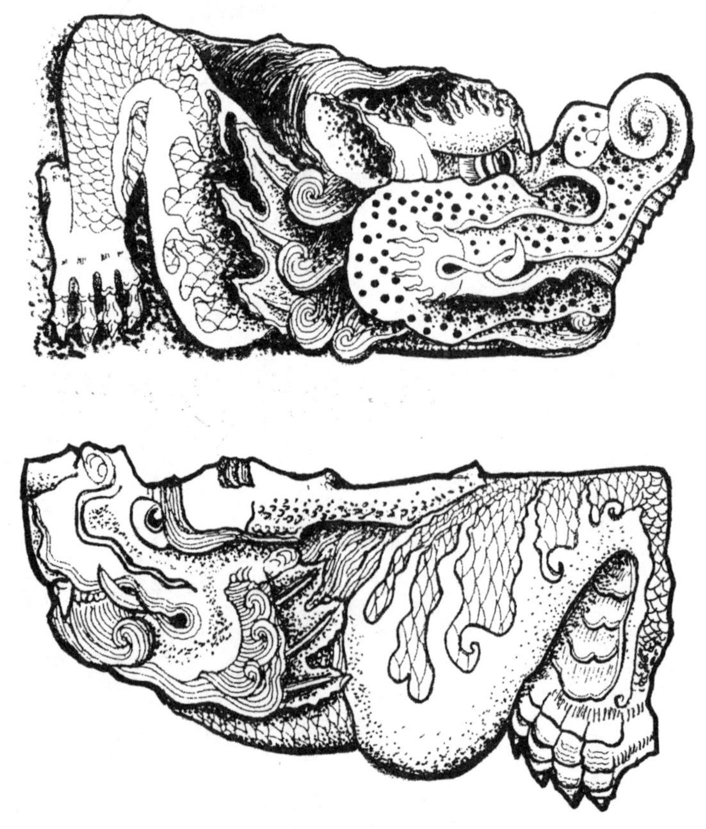

图 1-37 蚣蝮之一（北京故宫·明）

图 1-38 蚣蝮之二（江苏南京·明）

图 1-39 饕餮

13. 饕餮

饕餮，传说中的一种凶恶贪食的神秘野兽，没有身体，只有眼、鼻、耳、角和一个大嘴，是有头无身的变异神兽。饕餮形似牛头之面，十分贪吃，见到什么就吃什么，由于吃得太多，最后被撑死，后来形容贪婪之人叫“饕餮”。古代青铜器上面常用饕餮的头部形状做装饰，叫作饕餮纹。饕餮纹凶猛庄严，结构严谨，制作精巧，境界神秘，一般为正面图像，都是以鼻为中线，两旁置目，体躯向两侧延伸。若以其侧面作图像，则成一个长体与一爪。饕餮多装饰在食器的鼎爵上面，代表了青铜器装饰图案的最高水平（图 1 － 39）。

14. 朝天吼（犼）

犼（hǒu），俗称望天吼，朝天吼，蹬龙，一种勇猛神兽，传说是龙王的儿子，有守望的习惯，常立于华表和房顶。犼的形象有两种说法，一种说它形如兔，两耳尖长，仅长尺余，狮也怕它，着体即腐。另一种说它形如马，长一至二丈，身上有麟片，浑身有火光缠绕，会飞，食龙的脑，极其凶猛。据清代《述异记》中记载，犼生长在东海，经常与龙争斗，口中喷出的火达数丈长，龙往往难以取胜。古籍《集韵》对犼又有另外一种解释，说它是北方的神兽，形状如犬，食人。我国唐代的三大菩萨文殊、普贤和观音，各有自己的乘骑，文殊骑狮，普贤乘象，观音则坐犼，这犼是色彩绚丽闪耀金光的狮子，可见犼的形象也和狮子相接近。

明代《偃曝谈余》认为犼就是“ 吼”，称它为“狮子王”。据说古时西番进贡狮子，番人往往带有两只称为“犼”的小兽，每当狮子发威时，番人便牵犼来到关着狮子的木笼前，狮子一见到犼，便收敛不动，可见犼比狮子更为厉害。

据明朝杨慎所著的《升庵外集》记载，望天吼便是“性好吼”的龙的第四子“蒲牢”的另一种别称，它对着天空吼叫，其实是起到上传天意，下达民情的作用。

北京天安门前面华表柱头蹲伏的神兽称为“朝天犼”，也有写作“朝天吼”的，这是人们公认的“犼”的造型，体躯似狮，头部如龙，身上有鳞。这两只朝天吼面南而蹲，称为“望君归”。据说它们专门注视着外巡的皇帝，如果皇帝久游不归，它们就会呼唤皇帝，应该回到京城，料理朝事。在天安门城楼后面也有一对朝天犼，面北而蹲，称为“望君出”，专门监视皇帝在宫中的行为，如果皇帝深恋宫中的美女，贪图享乐，不顾百姓生计，它们便会催请皇帝出宫，深入民间，体察民情。

图 1-40 犼 北京天安门广场华表柱头

望天吼和龙一样，都活在传说里，谁也没有见过，但通过美好的想象，传达了一种信念：望天吼叫，吼的其实是吉祥如意；叫的其实是平安喜乐（图 1 － 40）。

15. 貔貅

貔貅，传说中的凶猛瑞兽，形状如虎如豹如熊，凶猛威武，喜吸食魔怪的精血，因此，又把勇猛的军士比喻为貔貅。传说貔貅有两种，一种是单角，一种是双角，单角貔貅为雄，称为“貔”；双角貔貅为雌，称为“貅”。雄性貔貅能广为招财，而雌性貔貅能守住财物，人们称其为“财神瑞兽”。由于貔貅护主心特别强，有纳四方而积财，能吞万物而不泄的寓意。更有赶走邪气、镇宅避邪作用。因此，深受人们喜欢，特别是做生意的商人，往往将貔貅制品带在身边或置放在经商之地，保佑自己发财致富（图 1 － 41）。

16. 鳌鱼

鳌鱼，形为龙头鱼身或龙头鳌身。相传在远古时代，金、银色的鲤鱼想跳过龙门，飞入云端，升天化龙，但是它们偷吞了海里的龙珠，只能变成龙头鱼身的鳌鱼。雄性鳌鱼金鳞葫芦尾，雌性鳌鱼为银鳞芙蓉尾，终日遨游大海嬉戏。又据神话传说，渤海之东的大洋里有五座神山浮于水中，无法稳定，居住神山的仙圣深为忧虑。玉皇大帝知道后，即命五只巨鳌用头顶山，使神山稳固。

唐宋时期，翰林学士朝见皇帝时必须立在镌有巨鳌的月陛石上，人们便把进入翰林学院的官员称为“上鳌头”。在科举考试中得为状元者称为“独占鳌头”。佛教造像中，观音菩萨亦常站立或骑坐在鳌头上（图 1 － 42）。

图 1-41 貔貅（陕西周至县财神庙）

17. 龙龟

龙龟，是把龙与龟的特点融合在一起的神灵之物，其形象被历代艺术家们所青睐。

龙，雄健威仪，是中华民族的象征；龟，高龄长寿，是宇宙天地的象征。龙龟有神灵大龟之称，据说能为世人挡灾难，减祸害，具有长寿吉祥、镇煞迎福的寓意。它既有龙的威武刚强，又有龟的忍辱负重，摆放在家中，有安家、镇宅、避邪、保平安的功效。龙龟还有衣锦还乡、荣归故里的寓意。倘若把龙龟的头朝向家内，有赐福之意；龟尾、龟背向外，能挡冲煞之气；龙龟会吸收天地山川的灵气，能促人长寿；龙龟还有聚集生气之作用，可旺人丁。因此，龙龟深受老百姓的喜爱（图 1 － 43、图 1 － 44）。

18. 龙马

传说中形态像马的龙。《龙马记》曰：“龙马者，天地之精，其为形也，马身而龙鳞，故谓之龙马。”传说伏羲氏观天下，看到龙马之身，体形像马，却是龙的头、龙爪、身上有鳞片，乃祥瑞之兽。图 1—45 为著名雕塑家韩美林为中央财经大学建校 50 周年创作的青铜雕塑“龙马担乾坤” 又名“吞吐大荒”。雕塑造型由龙马和象征乾坤的太极球组成，通高 9 米。按照中国传统说法，“龙”与“马”有着共同的灵魂，即“龙马精神”。龙马担乾坤，体现了中华民族顶天立地的气派。

龙的九子形象按照各种器物的装饰需要，作了不同的夸张和变形，显得妥帖、自然、丰富、华丽，给建筑和器物增添了轩昂、神秘的色彩。

图 1-42 鳌鱼

图 1-43 龙龟驮书

图 1-44 龙龟延年

图 1-45 龙马精神

（三）麒麟，是龙家族中的一员

麒麟，又称“骐麟”，简称“麟”，古人把麒麟当作仁兽、瑞兽，雄性称麒，雌性称麟，与凤、龟、龙共称为“四灵”。麒麟是中国神兽，亦是龙家族中的一员。

麒麟的演变与龙的演变有着千丝万缕的关联，以至从宋代开始两者逐渐同化，使麒麟变成了鹿形的龙，除了蹄子像鹿和躯体比龙短外，其余和龙的形象差不了多少。因此，我们认为宋代以后的麒麟，实际上是一种异化的龙。

龙凤研究专家王大有先生认为麒麟是龙凤家族的扩大化，他在著述的《龙凤文化源流》中说：“麒麟虽以鹿为原型，然而实际上是一种变异的龙，只易爪为蹄而已。”

古文中常把“中央黄帝”尊为麒麟，而后来人们把历代帝王比喻为龙，从中我们也可看出麒麟与龙的因果关系，它们同属一宗。

秦汉时期，龙从蛇体逐渐向兽体转化，其主要特点是躯体较短，似虎似马，颈长尾细，龙的颈部、躯干和尾部三部分的区别十分明显。从汉代开始，龙的头部出现胡子，腿部出现肘毛。这些兽形的龙和后来的麒麟形态极其相似，根据这种迹象，我们认为，秦汉时期的龙形和后来的麒麟是一种复合现象。

汉代以后，麒麟作为一种“仁兽”虽慢慢从龙的大家族中分化出来，作为帝陵前面的仪兽而逐渐自成一体，成为“五灵”之一。从唐代开始，麒麟又慢慢往龙的形态靠拢。到宋代以后，终于“万变不离其宗”，使麒麟变成了鹿形的龙。当我们把目光移向宋代李明仲编的《营造法式》时，书中编绘的麒麟躯体上已出现了龙鳞，在北京元代广济寺的石刻麒麟，其头部已与龙头别无两样，其背景的云纹气浪与龙的背景相一致。当我们把目光移向北京故宫的石刻麒麟时，则又有一个典型龙的形象，麒麟身上那环环相连的鳞片，四肢的火焰披毛及背部的脊栋，都和龙的形象一致，连象征明代龙标记往前冲的鬃毛，也和麒麟一样。当我们把目光移向明代河南嵩山中岳庙上的砖刻麒麟时，则发现麒麟已替代了龙的位置，正和凤在双双对舞。这种以麒麟替代龙，与凤对舞的形象在明代的石刻和清代的木雕上均能找到依据，这就告诉我们，作为凤的对偶，麒麟和龙是一样的，龙就是麒麟，麒麟就是龙，“龙凤呈祥”与“麟凤呈祥”的寓意相差无几。我们再把目光移向明清时期的行龙，其造型不但形体和龙相似，而且风格也一致，那行走的矫健步履，那扭动的灵巧身躯，和麒麟在行进中的神韵也息息相通。

有人说，明清时期的麒麟是龙和鹿的混血儿，我们认为，这两者的定位应该是龙为主，即麒麟是鹿形的龙，它与龙是同宗的，是龙家族中的一员（图 1—46 至图 1—56）。

图 1-46 腾跃麒麟

图 1-47 吉祥麒麟

图 1-50 眺望麒麟（雕塑）

图 1-48 护卫麒麟

图 1-49 守财麒麟（成都文殊院）

图 1-51 踏宝麒麟

图 1-52 铁甲麒麟（雕塑）

图 1-53 护财麒麟（雕塑）

图 1-54 凌云麒麟（汉白玉雕）

图 1-55 飞麟近宝

图 1-56 麟吐玉书（木雕）

第二章　凤的家族

凤，是凤凰的简称，人们想象中的神禽，长期来受到历代人民的喜爱和崇尚，它和龙一样，是中华民族特有的文化符号。在漫长的岁月演变中，凤的家族越来越大，种类日益增多，称呼也各有不同，单按羽毛的色彩分就有丹凤、青凤、白凤、黑凤、黄凤、紫凤、彩凤等种类，下面我们把凤家族中的主要种类叙述如下。

1. 凤

凤，是凤凰的简称。当凤凰两字排列时，凤则指雄性凤鸟，是凤凰中最美丽、最完整的成年禽鸟，色彩在五彩缤纷中偏向红色（2—1）。

2. 凰

凰，指雌性凤鸟，它和凤的区别是翅下没有凤胆，但也不绝对，因为明代以前的凤都没有凤胆，只有清代才出现，清代的凤也有没有凤胆的。凰的凤冠较小，有的地区连凤冠也没有（图 2—2）。

3. 鸾凤

鸾凤，成长中的凤鸟，凤冠和凤坠比成年凤小一倍。（见图 4—2）从人文角度看，鸾凤称为“神灵之精”，是“见则天下安宁”的太平鸟。它又是贤人、君子的象征，“有圣君则来，无德则去”。有的学者认为，鸾凤可以一分为二，在《锦绣文章——中国传统织绣文样》一书，将鸾与凤分开：雄者为凤，雌者为鸾。图案上通常以尾羽为别：锯齿型为凤，卷草型为鸾。鸾凤相合，取名为“颠鸾倒凤”，寓意夫妻之间恩爱和谐，幸福美满。（图 2—3）

4. 耋凤

耋凤，指年老的凤，色彩偏灰暗，形象呈衰老，嘴夹及长尾现残破（图 2—4）。

5. 夔凤

夔凤，是长条形单足的早期凤鸟形象，在商周青铜工艺上常用来做装饰，造型特点是闭嘴瞪眼，长冠卷尾，昂首凝视，规矩严谨（见图 2—5）。

6. 玄鸟

玄鸟，凤鸟的早期称呼。其名称来源于《诗经》中记载的“天命玄鸟，降而生商”的典故，说的是商契的母亲简狄吞下玄鸟之卵后生下了契，而契是商的祖始。汉代张衡在他的《思玄赋》中，则把玄鸟说成是灰鹤：“子有故

图 2-1 凤

图 2-2 凰

图 2-3 鸾凤两例

图 2-4 鸑凤

图 2-5 夔凤　　图 2-6 玄鸟

图 2-7 朱雀

于玄鸟兮，归母氏而后宁。”（图 2—6）

7. 朱雀

朱雀，是“四神”（也叫“四灵”）之一，古代神话中的南方之神，既像孔雀，又像鸵鸟。秦汉之际，朱雀常刻在墓门上作为守卫，在瓦当上作为装饰，有驱灾辟邪的功能。现在，人们对朱雀有两种说法，大部分人认为朱雀就是凤凰的别称。而另一种认为朱雀和凤凰是两种灵物，凤比朱雀更早，后来由于凤和朱雀都是以孔雀的造型为蓝本演变而来而逐渐靠拢（图 2—7）。

8. 青鸾

青鸾，是一种善于歌唱、五彩俱备的鸣禽。古人的五彩一般指青、黄、赤、白、黑，青鸾身上均有这五种颜色而以青色为主。青鸾的体形比凤略小，尾羽一般为卷草型，当它与喻男性的凤在一起时，常比喻为女性，象征爱情，“鸾俦凤侣”、“鸾凤和鸣”和“鸾分凤离”是象征爱情的成语（图 2—8）。

9. 紫凤

紫凤，体呈五彩，以紫色为主，体形比凤凰略小，象征和平、吉祥（图 2—9）。

图 2-8 青鸾

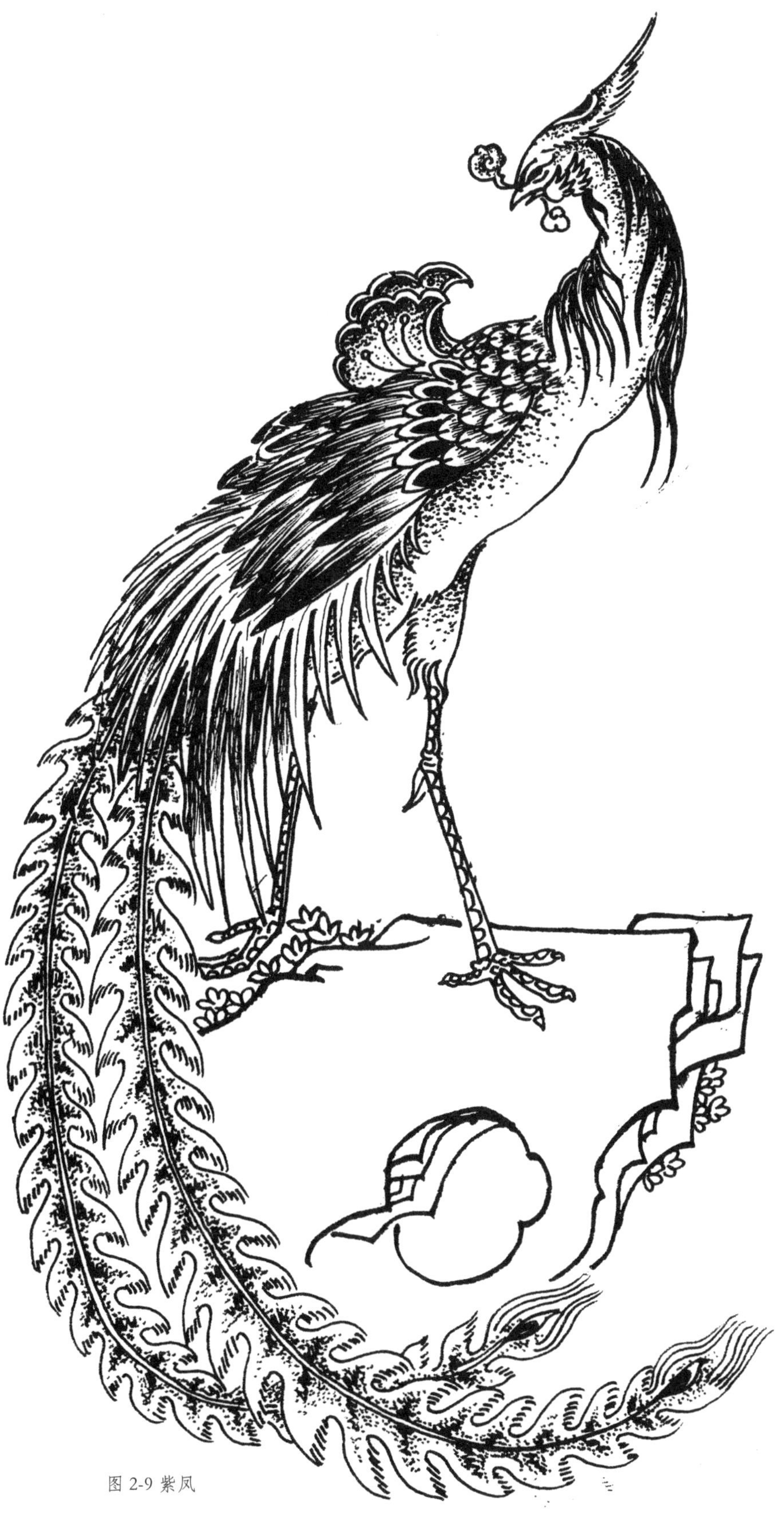

图 2-9 紫凤

图 2-10 黄凤

图 2-11 白鹄

图 2-12 雁凤

图 2-13 天鸡

图 2-14 丹凤（河南沁阳市神农山·雕塑）

10. 黄凤

黄凤，是一种体呈五彩而偏向黄色的凤鸟，据《庄子》载，它“发于南海而飞于北海”，因此黄凤是善于作远程飞翔的瑞鸟（图2—10）。

11. 白鹄

鹄，就是天鹅，浑身纯净洁白，常被古人视作“白凤”，象征高贵、皓洁、和平，当它和另外五彩凤鸟间杂在一起时，显得格外高雅、华贵和悦目，深得古代高雅之士的钟爱。白鹄的体形略小于凤凰（图2—11）。

12. 雁凤

雁凤，体形和大雁相似，五彩缤纷而偏向黑色。故又称为“黑凤”。《太平御览》中记载：“太元之年，有鸟集苑中，似雁，高足长尾，毛羽五色，咸以为凤凰。”雁凤象征和平、吉祥（图2—12）。

13. 天鸡

天鸡，凤的早期称呼（图2—13）。

14. 丹凤

丹凤，是凤凰的美称，丹表示红，有红火、兴盛之意，象征南方的色彩。“丹凤朝阳”是明清时期常用的吉祥图案，丹凤向着太阳飞翔，而太阳是三辰（日、月、星）之首，寓有光明、幸福之意（图2—14）。

第三章 龙的造型艺术

在中华民族上下五千年的历史长河中，历代的艺术家和工匠展开了丰富的想象翅膀，创造了各种形态的龙，有的能泳善飞，有的腾云驾雾，有的翻江倒海，有的噬火喷焰，归纳起来大致上有两大类：一类是“蛇身龙”，一类是“兽形龙”。

（一）兽形龙与蛇身龙

兽形龙与蛇身龙的形成主要在秦汉时期。秦汉两代是封建社会处于上升阶段的时期。秦消灭六国，统一了中国，但由于统治时间短暂，在文化艺术上可以说是完全继承了战国的格调，因此龙凤的造型明显存在战国时期的遗风。汉继秦后，政治制度上是“汉袭秦制”，在文化艺术上仍是战国特别是楚国的风貌，因灭秦的刘邦和项羽及其显要功臣大都来自楚地，因此楚汉文化就有了不解之缘。从这个因缘关系来看，秦汉时期和战国时期的龙凤造型变化差异不会很大。然而，秦汉两代作为封建社会中一个新兴的有朝气的时期，却有它振奋的时代精神，显得蓬勃兴旺，富有一种向上的活力。在社会思想方面，儒家和道家的意识交相辉映，十分活跃。但不管是儒家还是道家，对龙凤的观点是一致的，认为它们是一种吉祥的神物，反映了儒道的思想，应该抬高到显赫的地位。从另一个方面看，这时候，作为最高统治者权威象征的青铜礼器已经衰落下去，许多轻巧和多样化的生活用品逐渐出来，如漆器、铜镜、织锦、陶瓷、玉石雕刻等，其造型、技巧都达到相当的高度。与此相适应的装饰纹样，也慢慢地从古拙抽象、神奇迷离的气氛中趋向现实的境界。龙凤的纹样随着时代的进展而演变，它逐渐面向社会、面向现实、面向自然，应用范围不断扩大，并往写实方面发展。从规模宏浑壮丽的秦汉石料建筑宫阙、墓室中的砖瓦石刻画像，日常生活中的器皿装饰，龙凤的形象都得到了大量的多样化表现。龙凤的造型强调和夸张了一种向前和向上的动势，这种风格和秦汉振奋的时代精神是一致的。

从具体的造型来看，秦汉两代的龙纹主要是作为四神（灵）的图像出现的，龙纹显得气魄宏大深沉，它逐步摆脱了神秘抽象的造型而走向现实化和多样化，龙的形态大致可分为兽形、蛇身两种，蛇身龙便于表现翱翔、

图 3-1 蛇身龙

图 3-2 兽形龙（北京古观象台）

图 3-3 走兽形龙（瓦当 · 汉）

腾跃之态；兽形龙便于表现行走、蹲立之状（图3—1、图 3—2）。

1. 兽形龙

兽形龙又称兽身龙，它继承了战国后期的走兽形象，龙的躯体较短，似虎似马，颈长尾细。龙的颈部、躯干和尾部的区别十分明显，龙尾和虎尾相似。龙的四足仍保留着走兽的爪型，鹰爪的特点还很淡薄，和商周时期的龙爪一样，仍为三爪。从汉代开始，龙出现胡子和肘毛。秦汉时期的兽形龙主要从石刻和瓦当上表现出来，尽管粗重拙笨，没有细节的刻画，然而，就是在这些粗轮廓的整体形象中，表现出一种深沉的气魄，宏大的气势。正是这些气势、运动和力量，构成了秦汉时期石刻龙纹的美学风格。

秦汉瓦当上的龙纹，是走兽形龙纹的代表。它用概括、简练的手法，塑造出活跃生动的龙形象。由于瓦当图纹离开人们视线距离较远，因此这些龙纹往往以单相的面貌出现，形体洗练、单纯、古拙，但又显得清雅、淳朴和健美，蕴含着一股气势和力量（图 3—3）。

秦汉时期兽形龙的雄健力度和古拙气势，是后世的龙凤形象望尘莫及的。值得一提的是有些专家学者大胆地提出了自己的见解，他们认为艺术的发展不像自然科学那样循序渐进，而是循环往复的。用现在的艺术手段和建筑材质来表现古代的图案形象，也许能出现更好的效果，希望来一次艺术的复兴运动。在龙凤艺术的创作上，斩断宋元以来，特别是明清时期错彩镂金的繁复风格，直接和秦汉对接，汲取当时那种奔放豪迈、宏大深沉的原始艺术风格，呼吸一下清新空气，充实一下思想，来改变我们现在的龙凤造型面貌，这是颇有见地。因为，我们现在在龙凤的艺术造型上，工细精巧有余，雄浑古雅不足。

图 3-6 兽形金属龙

图 3-4 兽形龙 （仿汉 · 雕塑）

本书撷选的几幅兽形龙形象，有历史的，也有依据秦汉时期的造型进行再创造的，供大家参考和借鉴（图 3 － 4 至图 3 － 10）。

2. 蛇身龙

蛇身龙从西汉开始普遍。当时的统治者以赤龙之瑞建立政权，因此对龙赋以特殊的政治内涵。蛇身龙的造型头大颈细，张口吐舌，巨目利牙，虎爪蛇尾，背上无脊，身披鳞甲，双角较小，背部常带有凤羽。体形呈蟠蚰波浪状，身旁往往饰有云纹气浪，古朴中蕴含典雅，矫健中带有奇谲，具有庄严威武的神态。这在西汉初期长沙马王堆一号汉墓中的棺木彩绘和盖棺帛画中得到具体的体现。如图 3—11 是长沙马王堆一号墓棺木盖板上的一幅彩绘帛画上的应龙。龙为粉褐色，用赭色勾边，身披鳞甲，上有三

图 3-5 兽形玉龙（广州南越王博物馆藏·汉）

图 3-7 兽形蹲龙 （陶质琉璃釉 · 山西大同 · 明）

图 3-8 兽形蹲龙（雕塑）

图 3-10 兽形龙 （铜塑 · 现代）

图 3-9 兽形行龙（雕塑）

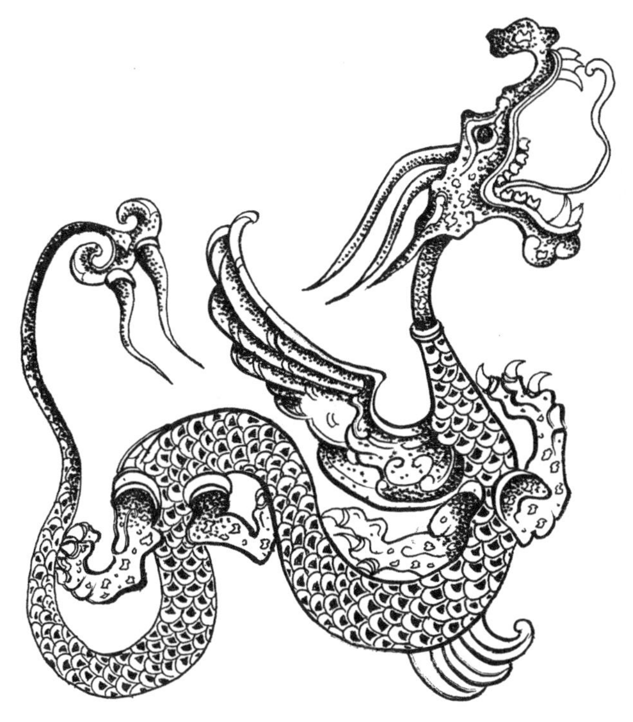

图 3-11 蛇身应龙（长沙马王堆一号墓棺木盖上的彩绘龙 · 西汉）

角弧形斑纹。从上面的龙纹中，我们可以看出西汉的龙是用写实的手法造型的，它以蛇形为主体，又归纳了其他动物如虎、鹰等凶禽猛兽的局部形象，既有写实特点，又有浪漫色彩。

秦汉之际的龙纹，不管是兽身，还是蛇身，所表现的龙纹头部一般较扁，张口呈喇叭形，吐线状舌，有的上下唇间饰有锋利的象牙状牙齿，并出现单线或双线形角。整个龙给人以流动的、生机勃勃的活力。

（二）龙的“三停”和“九似”

龙造型时应遵照其自身的造型特点，选择不同的方法、不同的姿态进行塑造，在继承传统的前提下推陈出新。鉴于我们目前造型的龙以蛇身为主，故本章节龙的艺术造型推出的是蛇身龙。

最能影响蛇身龙艺术造型的是画家。

北宋初年，画龙名家董羽在《画龙辑要》中，指出了画龙的“三停”和“九似”。三停是指龙可分成三个部分，即“自首至项，自项至腹，自腹至尾”。九似是龙的各个部位和自然界中的生物有九个相似之处，即：头似牛，嘴似驴，眼似虾，角似鹿，耳似象，鳞似鱼，须似人，腹似蛇，足似凤。

宋代的画龙名家郭若虚指出画龙应该“折出三停”，即从头至胸，从腰至尾，要有转折粗细的变化，要衔接自如。他的这种说法不断被后世所重复。民间彩画艺人在此基础上又归纳出画龙要“三波九折”的要领，这里的“折”是指画龙除有三个大的起伏外，中间还得有多个转折，只有这样龙的飞腾跃动之势才活灵活现。郭若虚论述的龙有九似之说则和董羽的说法有一些差别，郭论述的九似是：角似鹿，头似驼，眼似鬼，项似蛇，腹似蜃，鳞似鱼，爪似鹰，掌似虎，耳似牛。

尾鳍
头部
躯干
肘毛
火焰披毛
肢部
爪

图 3-12 蛇身龙各部位名称

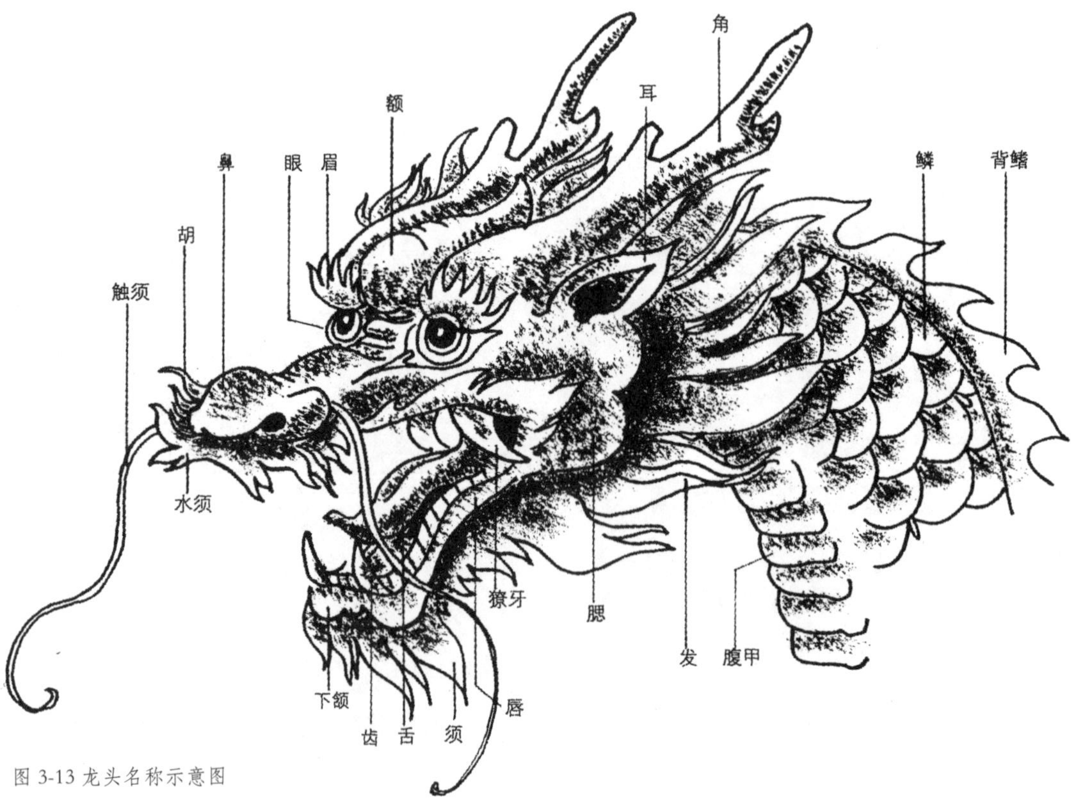

图 3-13 龙头名称示意图

郭若虚还论述了龙的动态，他说龙的造型要模拟在水中蜿蜒自如，在空中回旋升降的气势，然后在鬣毛和肘毛等处的用笔上依动势下功夫，龙便生态毕现了。南京云锦老艺人们又作了具体化：龙开口，须发齿眉精神有，头大，身肥，尾随意，神龙见首不见尾，火焰珠光衬威严，掌似虎，爪似鹰，腿伸一字方有劲。点明了对龙的艺术造型不仅要求形似，更应该在神似上下功夫。

龙在各个历史阶段有各自不同的特征和风采，商周的古拙抽象，战国的秀丽洒脱，秦汉的雄健豪放，隋唐的健壮圆润，宋元的清秀典丽，明清的繁复华美。明清时期是龙演变的最后一个阶段，留存下来的遗物最多，我们目前运用得也最广泛。下面，以明清时期的龙纹为例，将其造型特征作一简要的论述（图 3 － 12）。

（三）龙头的造型

龙可分成头部、躯干部、四肢和尾部四大部分。

龙头部是最能体现龙的形象特征的部位，它由角、耳、眉、额、鼻、腮、水须、胡须、触须、发、舌、齿、獠牙、唇等部件组成。而这些部件又是由自然界禽兽中的特殊部件构成的，如鹿的角，牛的耳，狮的鼻，虎的嘴，马的鬣（发）等。

龙的头部饱满而有变化，两眼炯炯发光，张口龇牙，触须飘动，鬣发奋扬，威风凛凛，神采奕奕。在龙头造型时，先用直线确定龙头的各部位置，如龙的鼻端至龙角的起点（即角根部）大致为龙的脸部。然后定出龙头的动向线，动向线一般从鼻端起始，从龙的两眼、两角中间穿过。鼻端和角根部的中间大致上是龙眼的位置，不过，也有一些龙角是直接从眼眉部的后边生出的。龙的双角、双眼、鼻翼、水须线应互相平行（图 3 － 13）。

自古画龙忌合嘴、闭眼、低头（明代时期有的龙是合嘴的），因此，龙头大都昂起，嘴巴张开，作龇齿吐舌状。值得注意的是，不管龙的嘴巴张开有多大，其上下两嘴唇张开的弧度都应在同一圆心上，嘴巴张得越大，其弧度也就越大。

龙的獠牙从嘴的根部生出，一般在两眼的延长线上，嘴角和龙腮大都作圆弧状。耳朵生长在嘴根的后面，呈牛耳的形状，和龙的眉毛并长。水须依附着鼻翼，触须紧贴在鼻翼的后面生出，向前或向后延伸，要流利挺健，一般呈 S 形弯曲。龙眼要突出，犹如金鱼的眼睛，也有画成虎眼的，要强调炯炯有神。鼻翼和狮鼻相似，也有画成牛鼻的。表现眼和鼻时，要注意注视力的方向和透视的比例关系。

龙的前额要突出，额头后部是龙角的生出点，龙角以鹿角的形象为依据，角的分叉要交错互生，避免对生，一般分两个叉，一个近顶部，一个近根部。角的顶部防止画成尖形，应该以圆弧形结顶。毛发和须发分别要顺着龙的腮部和下颌部呈束状生长出，既要有松软的飘忽感，又要有整齐的流畅感。须发生出的根部稍大，中间更大，稍部逐渐变小，使线条自然成束，整齐美观，切忌僵硬弯曲和杂乱无章。须发将龙头衬托得更为威猛雄强。

掌握了龙头的造型规律后，可以在眉、眼、嘴、鼻和腮部之间进行灵活的调整，表示龙

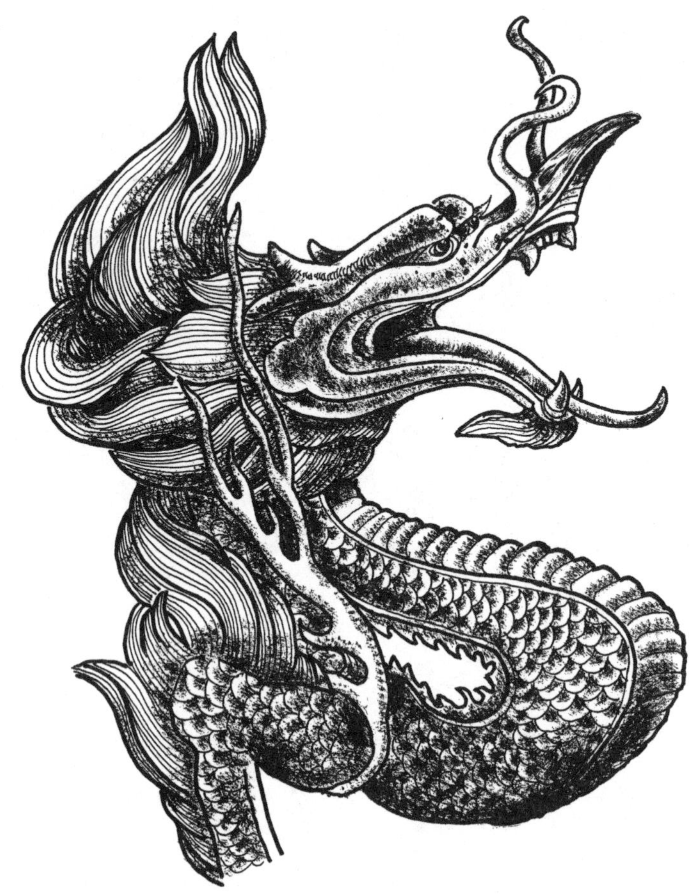

图 3-14 青年龙头

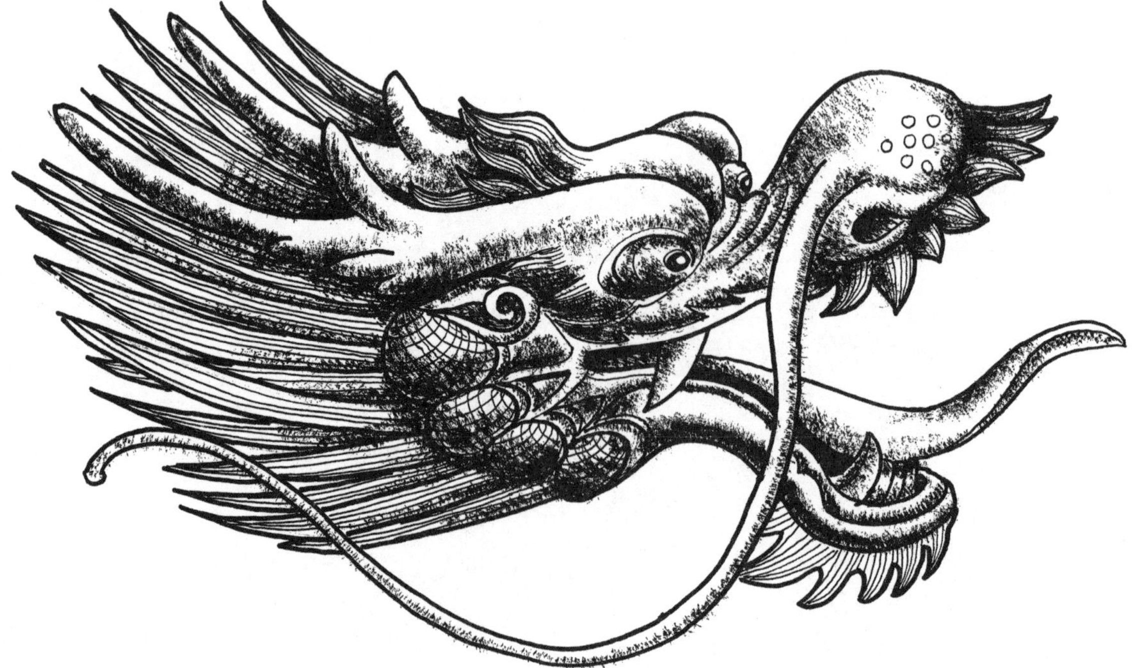

图 3-15 青年龙头

图 3-16 中年龙头三例

图 3-17 中年龙头

图 3-18 壮年龙头二例

图 3-19 壮年龙头二例

图 3-20 老年龙头三例

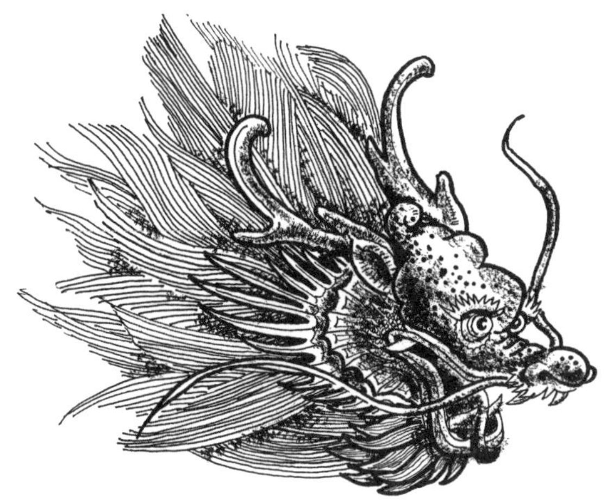

图 3-21 老年龙头二例

的喜怒哀乐，给龙增加虎虎生气，还可配合须发，表示其老、壮、中、青的龙龄。

当两条以上的龙在一起时，龙头的造型应注意有所区别并互为呼应，不要千篇一律而流于呆板，尽量使其有一种生动的情趣。

下面，特列出龙头的各种造型式样，这是本书富有特色的一大亮点，供大家细细鉴赏（图 3 － 14 至图 3 － 21）。

（四）龙躯干的造型

龙的躯干造型有兽形龙和蛇形龙两类。兽形龙的躯干以虎躯为依据加以变形，其颈部似蛇颈或鹤颈，多成 S 形状，尾部作卷曲的虎尾形。

蛇形龙的躯干修长、弯曲，与头部、尾部和四肢的衔接协调，其长度为头部的八倍。躯干的弯曲要流畅自如，表现手法要轻巧沉稳。轻巧，才能使龙腾飞如翔；沉稳，才能使龙有气吞山河之势。民间彩画艺人在画龙的躯干与龙头连接时，归纳出“嘴忌合、眼忌闭、颈忌胖、身忌短、头忌低”的经验，颇为中肯。

龙的躯干由背鳍、腹甲（又称肚节）和龙鳞三部分组成。

背鳍又称龙脊，紧紧依附在龙背的脊骨上，呈连续三角锯齿状或水波状的飘带，有的在背鳍每个部位勾双筋线或单筋线。背鳍与龙脊的连接处有时还出现一层“龙衣”，龙衣呈一条水波状的带子，上面有“爪”字形的装饰。

腹甲在龙的肚下，因此又称“肚节”，由连续性的圆弧线条组成，由于龙的躯干翻转腾跃，变化多端，因此背鳍和腹甲也应随龙身的动势而转折，要时时注意其互相的关联和变化，中间不要中断，并考虑其透视比例关系。

龙鳞一般以鲤鱼鳞片为依据。早期龙躯干上的纹饰有蛇皮形、菱形和长方形，汉代以后逐渐形成鱼鳞形。

在龙鳞的描绘中，有的还在鳞片的中间添勾上三道筋，俗称“葡萄鳞”，一般常见于石雕、木雕和彩画工艺上（图 3 － 22）。

（五）龙四肢的造型

龙的四肢有前肢和后肢各两只，呈对生状，分别在躯干的各 1/3 处。四肢的造型应该与龙的动态紧紧配合，以表达整条龙的神韵情感。龙腿应有劲，龙掌宜丰满，作擒攫之势。爪呈鹰爪状，有力而尖锐，给人以勇猛的感觉。

龙肢由大腿、小腿、肘、掌和爪组成，为显示龙腿的刚劲有力，大多呈直向伸展，尽量少弯曲。其内部结构我们可参照脊椎动物的四肢生理结构进行设想，即在造型时可假设其内部有骨架结构。肘是大腿和小腿之间的关节所在，肘外部有肘毛陪衬，肘毛的飘动应与整条龙的动态相一致。

关于龙的爪子也颇有讲究，元代以前的龙大多是三爪的，也有前两足为三爪，后两足为四爪。明代流行四爪龙，清代则以五爪龙为多，现代人则大多倾向五爪龙。民间还有“五爪为龙，四爪为蟒”的说法，主要作为皇帝与臣下服装上的纹饰差别。皇帝穿龙袍，其他皇亲贵族和高官穿蟒袍，其整体形状差别不大。

这里我们照五爪龙来说明，五爪的排列可

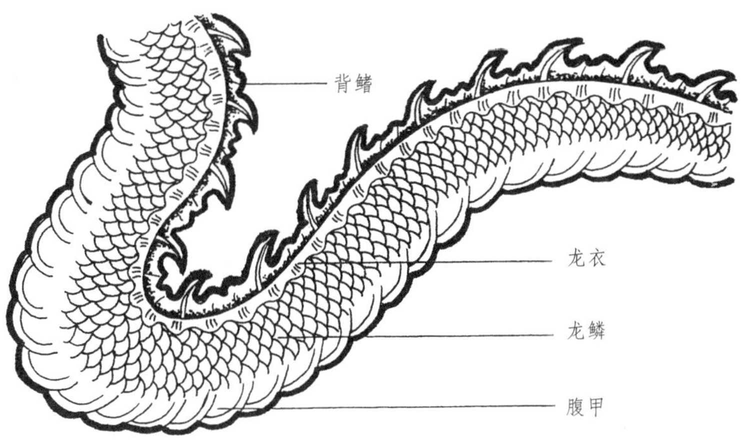

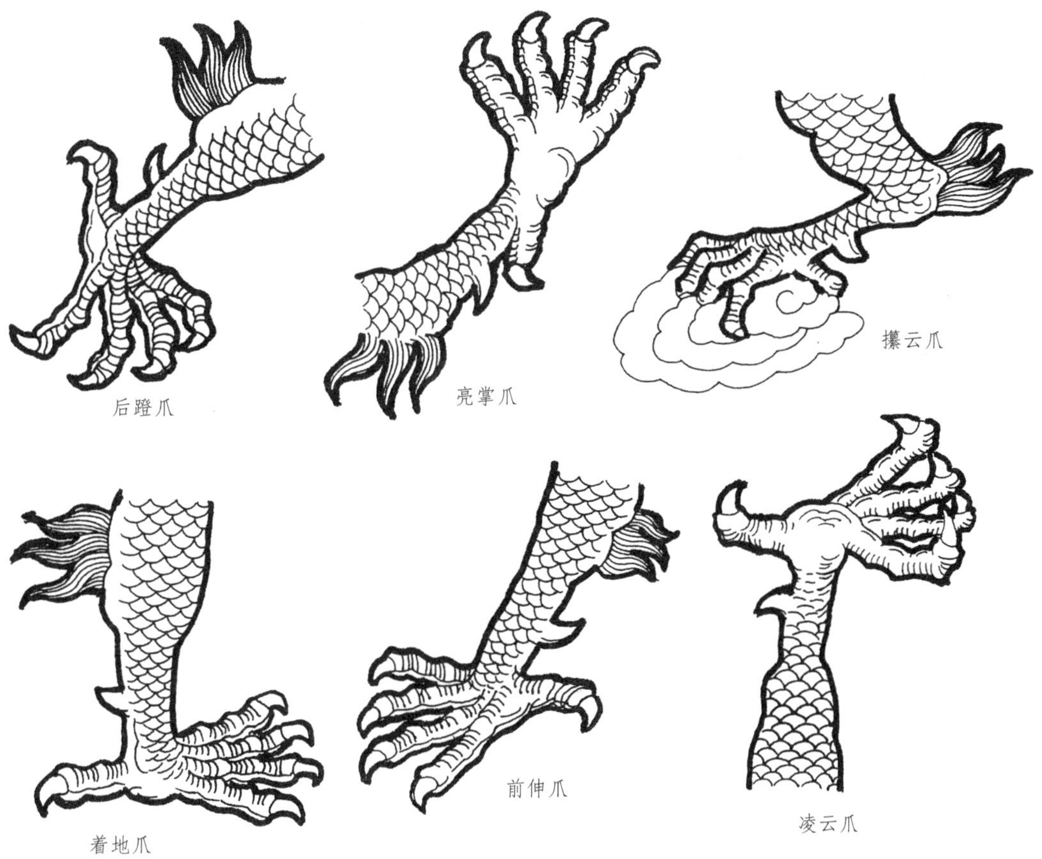

图 3-22 躯干的造型

图 3-23 四肢的造型

图 3-24 各式龙尾的造型

图 3-25 黄龙戏水

图 3-26 云龙朝阳

图 3-27 火龙喷火

照鹰爪的骨架进行解剖，即都从小腿部的中心呈放射状伸出，前方为四爪，后方为单爪。其四肢的前伸、后蹬、亮掌时，要注意五爪正面、半侧面、侧面、后侧面、背面的透视变化，其动势要依整条龙的运动规律和屈伸势度，密切配合，以加强龙的奔跃之势。这里我们列出龙爪常见的变化图，有后蹬爪、亮掌爪、攮云爪、着地爪、前伸爪、凌云爪等六种，供大家参考。为增添龙的神威感，四条腿上应有火焰披毛的装饰（图 3 － 23）。

（六）龙尾部的造型

龙尾的造型不可忽视，它为整条龙起到压阵的作用。战国时期及以前的龙尾是逐渐收缩的，秦汉时期的龙尾变得很细，就像一根虎尾，宋代以后才演变成现在的模样，并出现了尾鳍。明清时期龙尾的主要装饰就是尾鳍。

尾鳍的形状丰富多彩，有芒针式、飘带式、条形式、莲花式、马尾式、鱼尾式、狮尾式、荆叶式、扇动式等多种。不管何种形状，画时都要注意龙的动态、行动的速度和方向。龙的动势缓慢时，尾鳍呈缓缓地飘动状，当龙的动势加大时，尾鳍也呈翻卷之状，动势越大，弯曲翻卷也越强（图 3 － 24）。

（七）龙与水、火、云的造型

龙能上天、下海，也能在陆地上生活，还有喷水吐火的奇特功能，故有“神龙”之称。龙在天空中离不开云，在江海中离不开水，在烈焰中离不开火，水、火、云既变化多端又互相依存。龙是游动之物，水、火、云是飘动之物，它们的媒介是风。俗话说，无风不起浪，无风不见云，无风不成焰，有风就有翻江倒海的水，有风就有千变万化的云，有风才有烈焰滚滚的火。水有水波、水浪、水珠、水花；火有火焰、火海、火环、火苗；云有流云、行云、卷云、朵云。龙在造型时

图 3-28 金龙戏珠

必须学会与水、火、云的造型互为协调，在安排时要巧妙、活泼，掌握动静搭配和疏密关系，使龙的造型更加祥瑞神威、多姿多彩。

我国人民历来把龙作为吉祥之物，认为龙是长生不老的象征，能给天下带来太平，能给江山社稷带来永固。因此，龙往往与大吉大利联系在一起，将龙与水、火、云连在一起，并赋以美好的意愿：黄龙戏水，风调雨顺；云龙朝阳，多福益寿；火龙喷火，百业兴旺；金龙戏珠，五谷丰登（图 3 － 25 至图 3 － 28）。

在色彩上，龙常施以金、银、赤、青、黄等华丽色彩，一般又以金、黄两色为主调，显示出一种金碧辉煌、富丽堂皇的效果。

图 3-29 坐龙之一

图 3-30 坐龙之二

图 3-31 行龙之一　图 3-32 行龙之二　图 3-33 升龙之一

图 3-34 升龙之二　图 3-35 升龙之三　图 3-36 行龙之三

图 3-37 降龙

（八）龙的程式化表现形式

龙的形态丰富多变，有的往上飞腾，有的往下俯冲，有的向前跑行，有的正襟危坐……姿态万千，层出不穷。并由此产生出许多生动活泼的画面，恰到好处地装饰在各类建筑部位上。

唐宋以后，龙的标准形象基本上定型，其程式化的形式得到固定，大体上可分为：坐龙、行龙、升龙、降龙、草龙、拐子龙、团龙等形式。

1. 坐龙

坐龙，呈正襟危坐的形式，头部正面朝向，颏下常设一火球，四爪以不同的形态伸向四个方向，龙身向上蜷曲后朝下作弧形弯曲，姿态端正。坐龙一般设立在中心位置，庄重严肃，上下或左右常衬有奔腾的行龙。在封建社会中，坐龙是一种尊贵的龙纹样，只有在帝王的正殿与服饰的主要部位才能使用（图3 － 29、图3 － 30）。

2. 行龙

行龙，呈缓缓行走状，整条龙为水平状态的正侧面。行龙一般作双双相对的装饰，构成双龙戏珠的画面，常装饰在殿宇正面的两重枋心的狭长形部位。倘以单相出现时，龙的头部常常作回头状，使形象显得生动（图3 － 31、图3 － 32、图3 － 36）。

3. 升龙

升龙，呈升起的动势，头部在上方，奔腾飞舞。倘若龙头往左上方飞升，称“左侧升龙”；龙头往右上方飞升，称“右侧升龙”。升龙又有缓急之分，升腾较缓者，称“缓升龙”；升腾较急者，称“急升龙”（图3 － 33至图3 － 35）。

4. 降龙

降龙，呈下降的动势，头部在下方，奔腾飞舞。倘若龙头往左下方俯动，称“左侧降龙”；龙头往右下方俯动，称“右侧降龙”。降龙又有缓急之分，下降较缓者，称“缓降龙”；下降较急者，称“急降龙”（图3 － 37、图3 － 38）。

降龙与升龙常常结合在一起，构成正方或长方的“双龙抢珠”画面，生动奔放。有时，头部在下的降龙又作往上的动势，称为“倒挂龙”或“回升龙”。有时，头部在上的升龙又作往下的动势，称为“回降龙”（图3 － 39）。

5. 草龙

草龙，是一种将龙和卷草结合在一起的形象，又叫“卷草缠枝龙”。草龙有明显的

图3-38 急降龙

图 3-39 双龙抢珠

龙头特征，而身、尾及四肢却成了卷草。整体往往呈现出“S”形的弯曲，并将S形继续延伸，产生一种连绵不断、轮回永生的艺术效果。草龙头部与卷草曲卷的丰富变化，形成动静参差、相互呼应、层次丰富的画面。在构图上，采用均衡的形式，讲究曲线美，富有动律感。在表现形式上，则运用浪漫主义的手法，把带有吉祥含意的“如意纹”内容，综合到一个画面，给人以想象的余地。草龙的应用十分广泛，建筑、家具和器皿的装饰上经常可以看到，造型也十分丰富（图3－40、图3－41）。

6. 拐子龙

拐子龙，源于草龙，又脱胎于草龙，形成一种独特的表现形式。拐子龙的线条装饰挺拔硬朗，转折处呈圆方角。龙的头部也呈方圆形，整体协调，简洁明快，又有一定的装饰意趣，常用在家具、室内装饰及建筑的框架上（图3－42、图3－43）。

7. 团龙

团龙，是将形体适合为圆形的龙。团龙源于唐代，明清时运用较为普遍。“四团龙”、“八团龙”等团花定为当时的冠服制度，即一件服饰上有四个或八个团龙是最尊贵的。后来发展为十团、十二团、十六团、二十四团，数量越来越多，范围也放宽了。团龙适用性强，又保持了龙的完整性，装饰味浓，运用广泛，织锦、刺绣、陶瓷、建筑、家具等装饰上都

图 3-40 草龙之一

图 3-41 草龙之二

图 3-42 拐子龙

有团龙。

团龙的表现形式丰富，有“坐龙团”、“升龙团”、“降龙团”等。团龙的圆边还装饰有水波、如意、草龙等图纹，使团龙纹样华丽而又丰富（图 3 － 44、图 3 － 45）。

8. 双龙戏珠

双龙戏珠是两条龙戏耍（或抢夺）一颗火珠的表现形式。关于火珠的来源有四种说法，第一种，起源于天文学中的星球运行图，火珠是由月球演化来的。第二种，将火珠当成“卵珠”，因龙也分雌雄，这两条戏珠的龙一条为雌龙，一条为雄龙，中间的卵珠是它们孕育的龙子，父母双方共同呵护着这个新的生命。第三种，将火珠作为太阳解释，两条龙共同喜迎旭日东升，让灿烂的阳光普照大地。第四种，将火珠当成佛教中的宝珠，因在佛教中有一种宝珠叫摩尼珠，又称如意珠，而双龙戏耍的这颗珠就是如意珠。据说

图 3-44 环形团龙

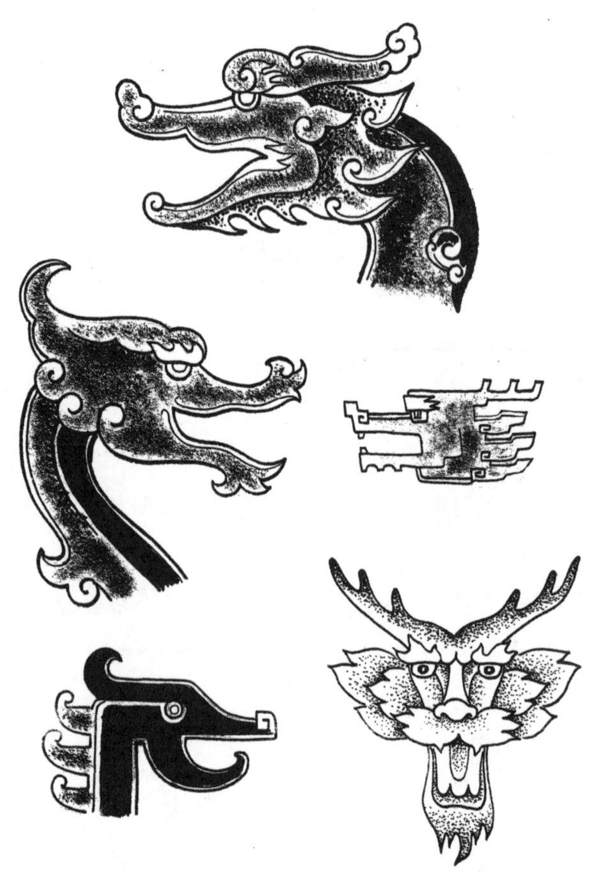

图 3-43 拐子龙头部造型

双龙戏珠的形象是佛教东传以后才出现的，唐宋以前，虽然也有双龙戏珠的造型，但对称的双龙之间夹持的往往是玉璧或者是钱币的图案。因此，唐宋以后，龙戏珠的出现当与佛教有着渊源关系。

从汉代开始，双龙戏珠便成为一种吉祥喜庆的装饰纹样，多用于建筑彩画和高贵豪华的器皿装饰上。双龙的形制以装饰的面积而定，倘是长条形的，两条龙便对称状地设在左右两边，呈行龙姿态。倘是正方形或是圆形的（包括近似于这些形态的块状），两条龙则是上下对角排列，上为降龙，下为升龙。不管是长方形的，还是块状形的，火珠均在中间，显示出活泼生动的气势（图 3 － 46）。

9. 群龙组合

两条龙以上的组合称为“群龙组合”，如三龙、四龙、五龙、六龙、八龙、九龙、十龙等。

群龙组合寓意各不相同。三龙：和“岁寒三友”类同，却“三足鼎立”，有稳固之意；四龙：四海升平，天下太平的象征；五

图 3-45 团龙二例

图 3-46 双龙戏珠

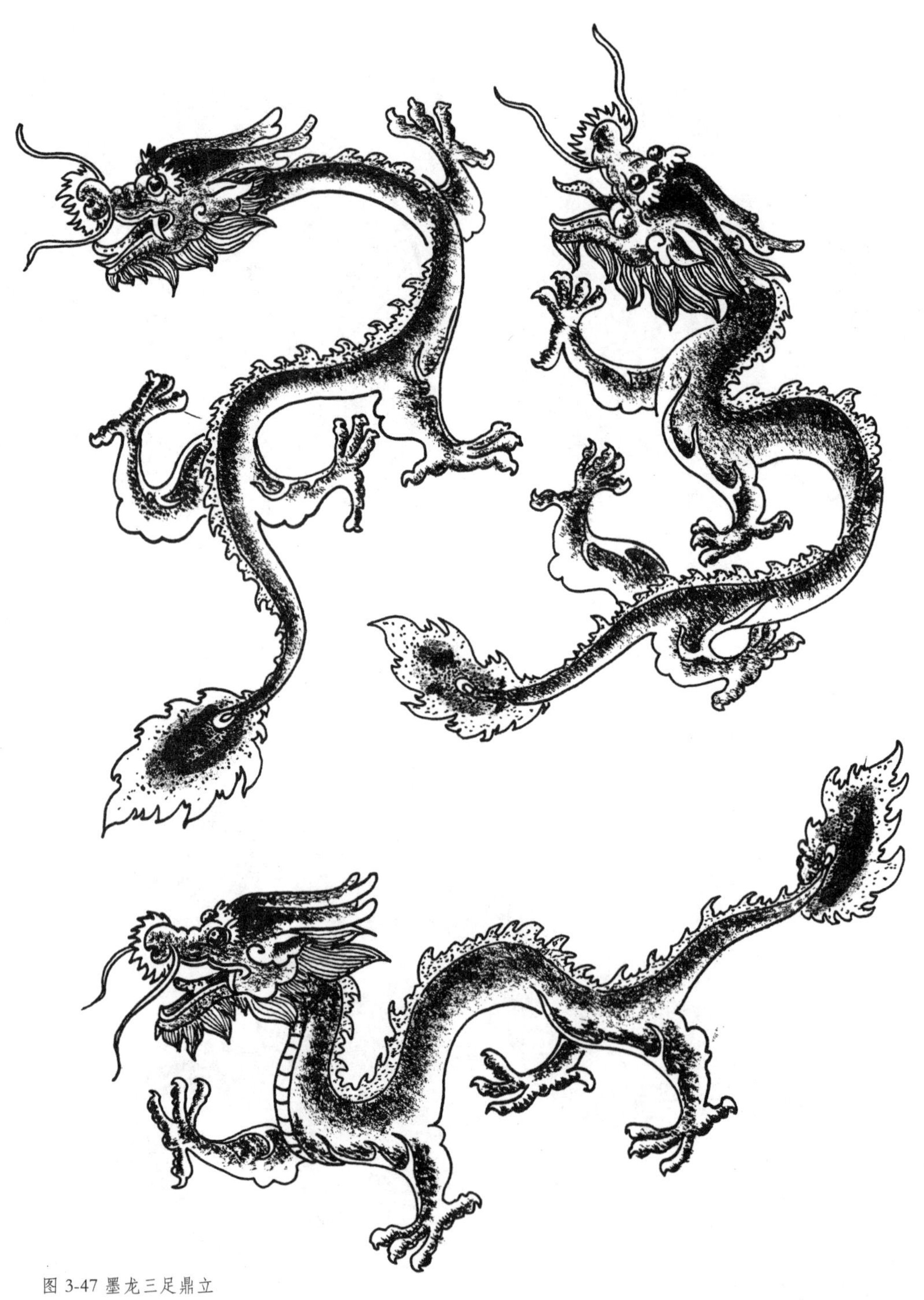

图 3-47 墨龙三足鼎立

龙：为吉祥的组合；六龙：六六顺风，为一帆风顺之寓意；八龙：寓意兴旺发达；九龙：为奇数之极，象征至高无上；十龙：寓意十全十美（图 3－47、图 3－48）。

图 3-48 五龙吉祥

第四章 凤的造型艺术

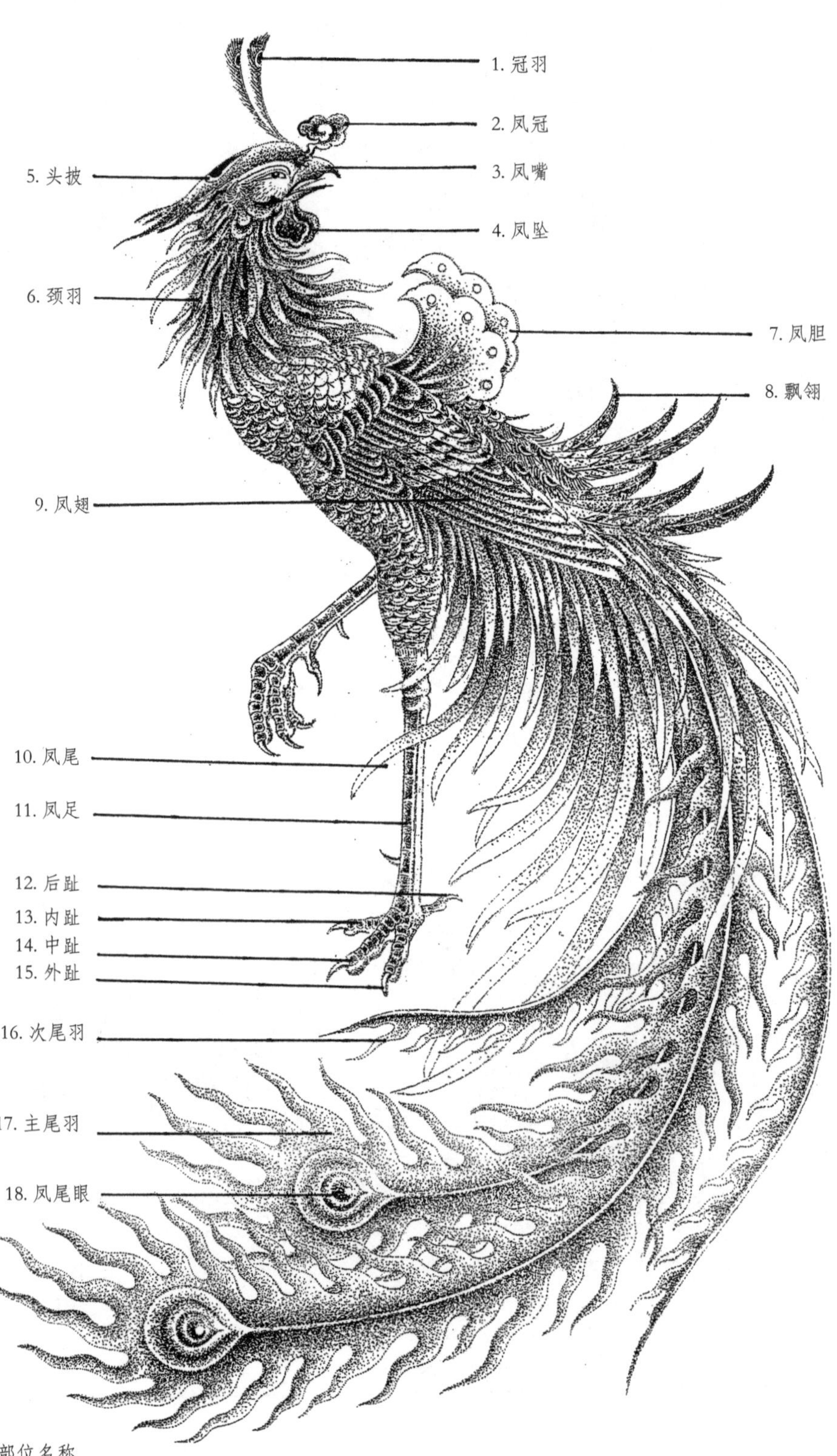

图 4-1 凤的各部位名称

凤凰，是人们以现实中的禽鸟为基础虚构出来的理想神禽，它虽为世人所不见，却符合一般禽鸟的结构，是禽鸟美的结合体。

凤凰的造型从殷商时期的图腾开始到现代的数千年间，发生了很大的变化，经历了一个由低级到高级，由简单到复杂，由朴素到华丽，由不足到充实的过程。即使是同一时期的凤，由于地区和作者的不同，表现手法和适用地位的不同，而存在着很大的差异。下面我们特简述一下凤凰的各种部位名称和它的基本造型。

（一）凤的各部位名称

凤，从大到小，可以分为雏、鸾、凤凰三个成长阶段：雏是指幼年的凤；鸾则介于幼凤与成年凤之间；而凤凰是指成年的凤。历史上有“鸾雏分大小，凤凰分雌雄”之说，雄者名凤，雌者称凰。

凤凰的形体可以解剖成四个部位，即头部、身部、尾部和足部（图 4—1）。

凤凰的头部包括：凤嘴、凤眼、颈项（俗称脖刺）、凤冠（俗称胜冠）和凤坠等。凤和凰一般都有冠和坠，但也有另一种说法，即凤有冠，而凰没有冠，其原因是冠是一种首饰，古代男子成年后要加冠，叫“胜冠”，它是雄性的象征，因此雌性的凰就不能加冠。但一般情况下，出于造型美的需要，凰也加上冠，但比较小。而鸾，由于它尚未成年，虽加上冠和坠，但比凤要小一倍。而雏则无冠无坠（图 4—2 至图 4—6）。

凤凰的身部包括：胸、背、腹、翅膀、凤胆等。翅膀包括肩羽、复羽、翼羽和飞羽。凤胆是在清代的凤凰造型上才出现的，当时有人认为凤有凤胆，而凰没有凤胆，因此有“凤凰之分在于胆”的说法，而雏和鸾则都没有凤胆。

凤凰的尾部包括：主凤尾，次凤尾和飘翎。

图 4-2 凤头造型之一

图 4-3 凤头造型之二

图 4-4 凤头造型之三

图 4-5 凤头造型之四

图 4-6 凤头造型之五

主凤尾一般为2根，也有3根、5根甚至9根的。凤凰的尾羽均有凤镜（俗称凤尾眼），而鸾的主凤尾则无凤镜，雏凤的尾部只有尾梢和飘翎。

凤凰的足部包括：腿、跗和趾足。凤凰的趾足是离趾足，即它的内趾、中趾、外趾、后趾都是分开的。

（二）凤凰的基本造型

凤凰的造型演变漫长而复杂，到宋代定下了它的基本造型：锦鸡首、鹦鹉嘴、孔雀脖、鸳鸯身、大鹏翅、仙鹤足、孔雀毛、如意冠。整个造型集中了自然界飞禽优美之大成，是名副其实的鸟中之王。

凤凰大多呈飞翔的姿态，因此我们可参照禽鸟的飞翔动态进行造型。先注意凤凰的飞翔方位，凤体以卵形为基础，并照其动势展开翅膀的动态线，在适当部位添上小卵形作凤头，再用颈项线连接起来。凤尾的线条依照其飞翔的动势，得体而流畅地连接在凤体的后面，使其优美生动。然后再添上凤翎、凤胆、凤腿、凤足、凤冠、凤坠、凤嘴、凤眼，步步深入，步步完善。

我国历代艺术家在凤凰的造型实践中，专门有一套经验，其先后次序是这样的：先画凤嘴，再连上凤头，添上凤眉、凤眼，往下画凤坠，往上画凤冠，凤头的形象便出来了。然后顺着凤脸层层绘上颈羽，连上凤翅，刻画好凤翅上的肩羽、翼羽、复羽和飞羽、并使飞羽的尾部呈现出尖而圆的形状。接下去是描绘凤背上的鳞瓣，添上凤胆，在凤胆内添上点和线。再顺着凤的腹部，用潇洒流利的线条画上凤的主尾羽，在尾羽的末端刻画上尾镜，随主尾羽的伸展添补上飘翎，画上凤足，整只凤凰的形象便出来了。然后再根据需要，进行修正充实。

（三）凤尾的式样

“龙在头上变，凤在尾上分”。凤尾，比其他部位更富于变化，因此也更丰富、更富于动势，具有一种节奏感和韵律美，是凤凰最美丽的部位，也是体现凤凰隽雅秀美、婀娜流畅的一个主要特征。

自宋代以后，凤尾的式样越来越丰富，由于地区的差别和技艺人员表现手法的不同，凤尾的样式也各具千秋，缤纷多姿：有的凤尾似朵朵盛开的鲜花；有的凤尾似片片卷曲的草叶；有的凤尾似散开的孔雀翎毛；有的凤尾则像支支燃烧的火焰……但不管如何变化，凤尾的线条一定要流利顺畅、屈伸有致，切忌拘谨呆滞。下面，我们特选择了莲花式、水草式、草叶式、火焰式、瓦楞式、孔雀尾式、菊叶式、卷叶式、蕉叶式、孔雀针式、方肯式、卷云式、草纹式、软刺式、硬刺式、点叶式、羽绒式、虎纹式、疏叶式、棒锤式、花苞式、松毛式、花瓣式、夔凤式共24种凤尾的式样，供大家在凤凰造型时，作为参考借鉴（图4—7至图4—10）。

（四）凤的程式化表现形式

凤，造型绚丽多姿，线条刚柔相济，有的往上飞舞，有的向下盘旋，有的亭亭玉立，极富神韵。凤的本身造型具有高度的装饰性，可方可圆，可随意曲折，适合各种各样的形态变化，其程式化造型大致上可分翔凤、升凤、降凤、立凤、坐凤、卧凤、云凤、草凤、

图 4-7 凤尾式样之一

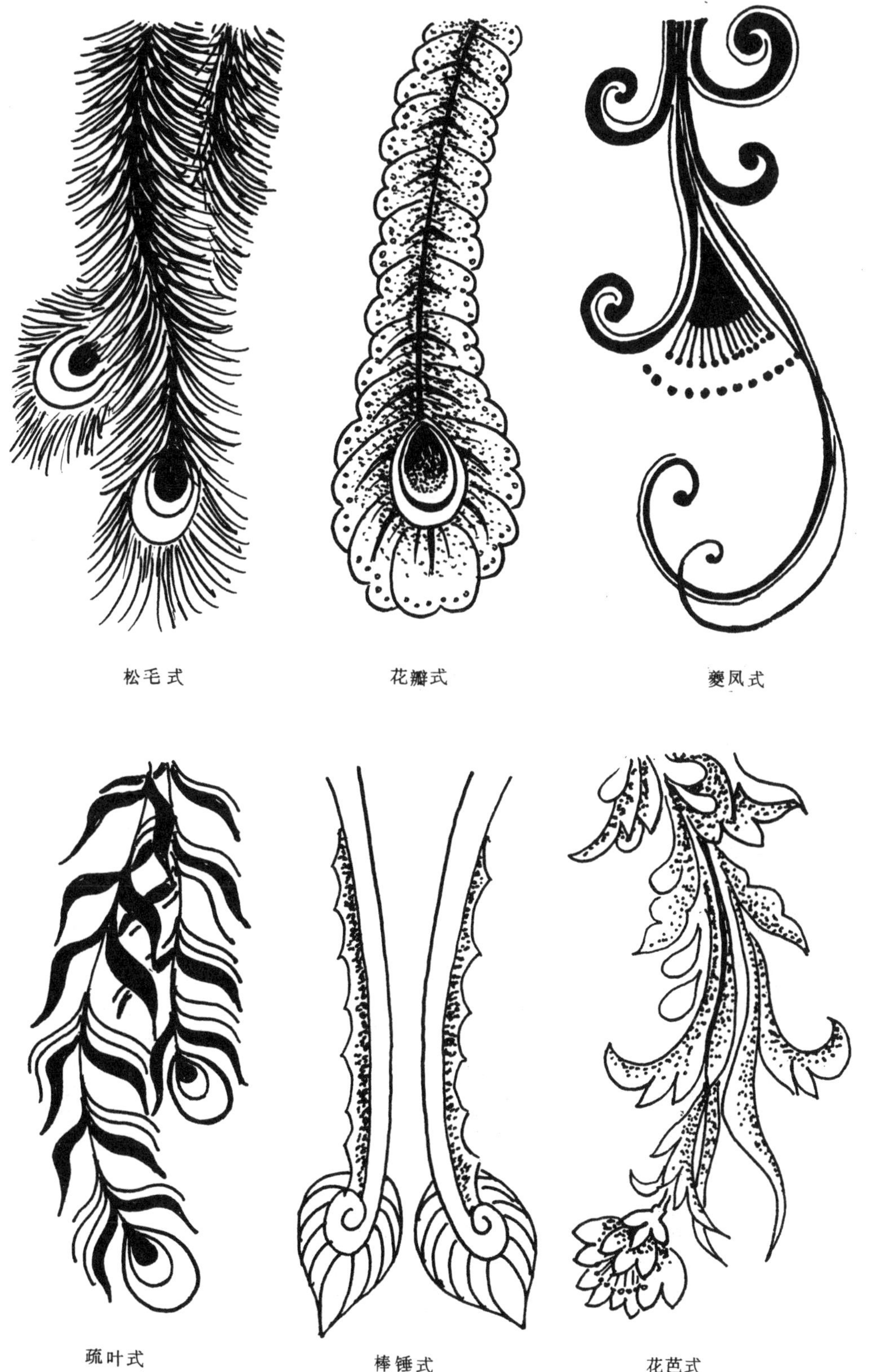

图 4-8 凤尾式样之二

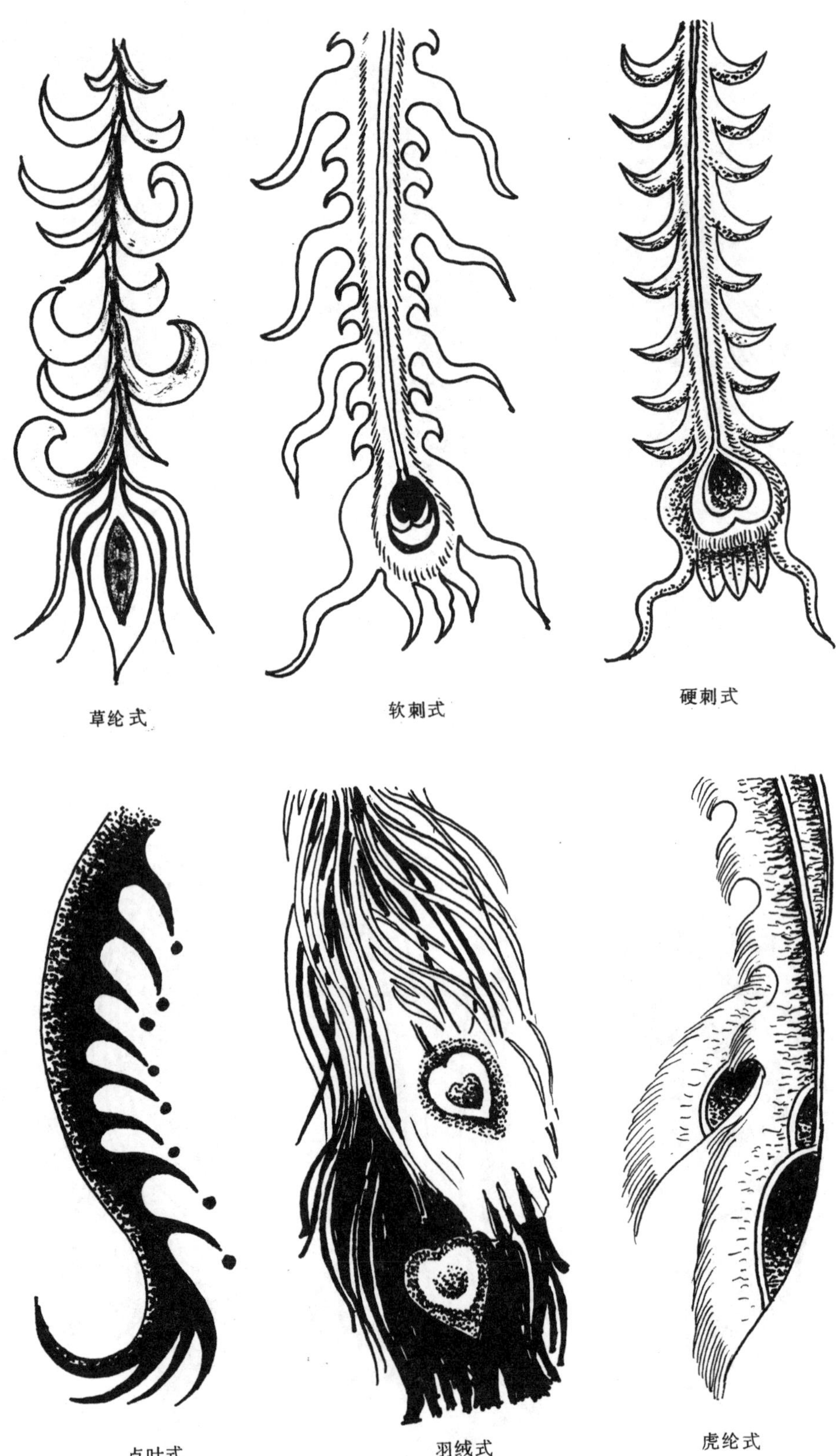

图 4-9 凤尾式样之三

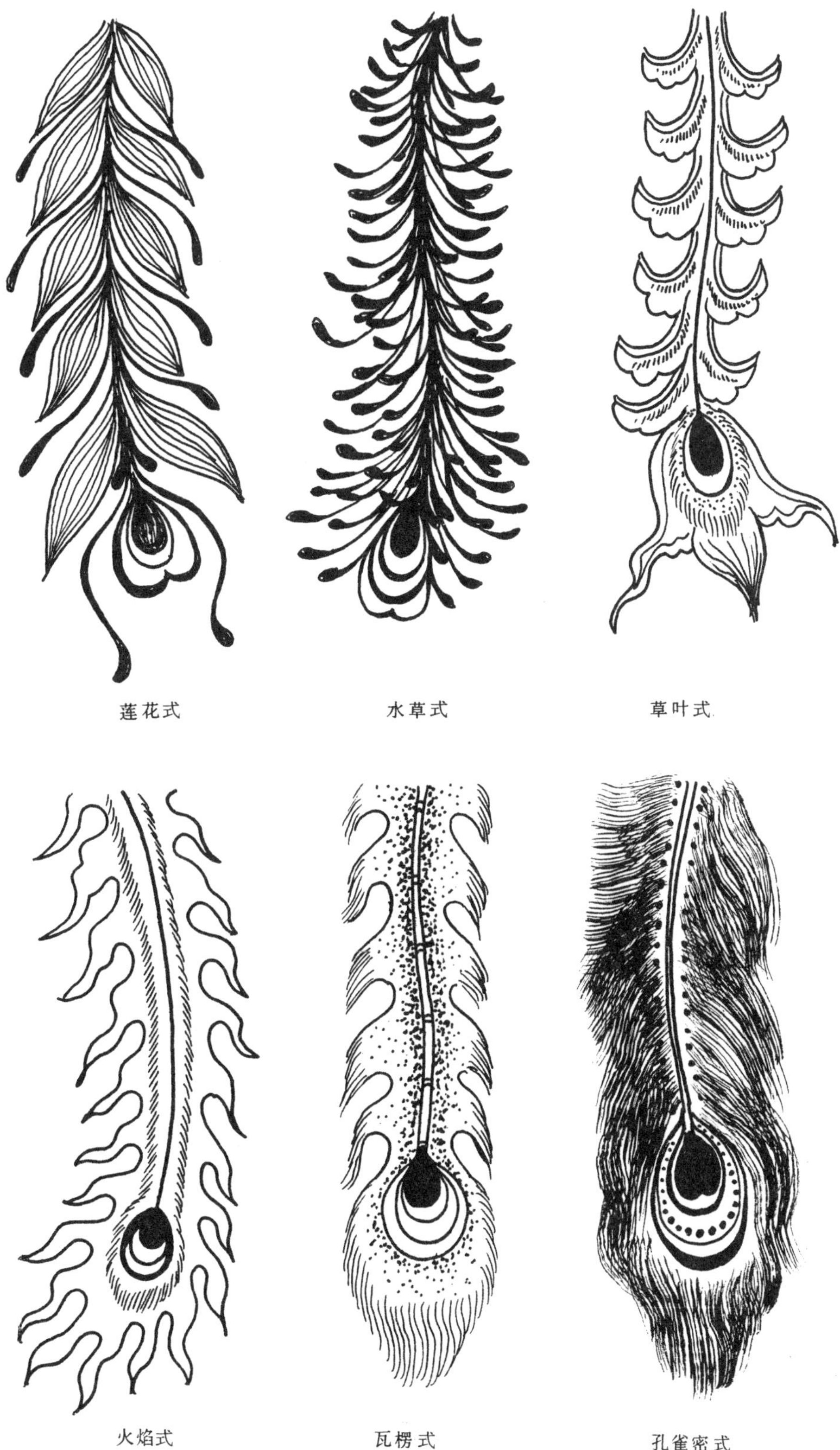

图 4-10 凤尾式样之四

图 4-11 翔凤二例

图 4-12 升凤之一

图 4-13 升凤之二

云凤纹、花凤、团凤、拐子凤等形式。

1. 翔凤

翔凤，呈飞翔的状态，双翅展开，尾羽摇弋，姿态优雅而绚丽。当凤呈水平状态飞行时，则称为平飞凤。翔凤常装饰在各种古建筑和器皿上（图 4—11）。

2. 升凤

升凤，呈往上飞行的状态，头部朝上，凤尾朝下，扶摇直上。倘凤头往左上方升飞，称“左侧升凤”，凤头往右上方升飞，则称“右侧升凤”（图 4—12、图 4—13）。

3. 降凤

降凤，呈往下飞行的状态，头部朝下，凤尾朝上，翩翩降飞。倘凤头往左下方降飞，称“左侧降凤”，凤头往右下方降飞，则称为“右侧降凤”（图 4—14 至图 4—16）。

4. 立凤

立凤，呈站立状，有的单足落地，有的双足稳立。凤尾是凤身上最为美丽的地方，凤尾下垂的凤称为“垂尾立凤”，凤尾往上挥动的凤称为“挥尾立凤”（图 4—17、图 4—18）。

5. 坐凤

坐凤，呈缓缓翔飞状，双翅平行展开，头部朝正前方或微侧，凤眼平视，凤尾呈圆弧形往上翻卷，姿态端正，宛若正襟危坐（图 4—19）。

6. 卧凤

卧凤，呈缓缓翔飞状，双翅左右平行展开，凤身平卧，头部、尾部朝上（图 4—20）。

7. 云凤

云凤，一般指飞翔在如意形祥云中的凤，给人以祥和、喜庆的感觉。还有一种“云纹凤”，凤的头、翅和尾，均呈云的形态，讲究线条的曲线美，富有韵律感（图 4—21）。

8. 云凤纹

云凤纹，是云和凤的结合体，其形式比云纹凤更抽象，它将凤的、尾、脚、翎毛“打散”，然后又安排到某一空间和云融会在一起，显示出一种似云非云、似凤非凤的神秘图案，这种抽象化的打散变形，加强了纹样的装饰性，给画面带来新的意境（图 4—22）。

9. 草凤

草凤，是一种含有凤纹的卷草图案。凤头的特征较为明显，而凤身、凤足、凤翅、凤尾侧都成了卷草图案。草凤的骨架往往形成“S”形旋律，并将 S 形延续，动与静相互参差，既互相呼应，又有一定的层次动律，产生一种连绵不断、轮回永生的艺术效果。这种草凤纹多应用在建筑、家具和器皿的装饰上（图 4—23）。

图 4-14 降凤之一

图 4-15 降凤之二

图 4-16 升凤与降凤

图 4-17 立凤之一

图 4-18 立凤之二

图 4-19 坐凤

图 4-20 卧凤

图 4-21 云凤三例

图 4-22 云凤纹

图 4-23 草凤

图 4-25 花凤三例

图 4-24 花凤两例

图 4-26 花凤（壁画装饰）

10. 花凤

花凤，是一种含有凤纹的花纹图案，初看似乎是花卉，细看却有凤的特征，它并没有像云凤纹那么抽象神秘，却又变化多端，装饰味很浓，是凤凰造型的一大亮点，也是本书的重点之一（图 4—24 至图 4—29）。

11. 团凤

团凤，又称“凤团”，是一种把凤的形态适合成圆形的程式，民间又叫“皮球花”。团凤起源于唐代，当时的统治者把“四团凤”、“八团凤”作为专用的冠服制度，到后来，团凤在织锦、刺绣、陶瓷、建筑、家具等都有装饰。团凤根据凤的不同姿态有飞凤团、云凤团、立凤团、坐凤团、草凤团之分（图 4—30 至图 4—34）。

当凤与龙在一起时可组成龙凤呈祥团花。

图 4-27 花凤两例

图 4-28 花凤两例

图 4-29 花凤

图 4-30 团凤之一（漏窗装饰）

图 4-31 团凤之二（藻井装饰）

图 4-32 团凤之三

图 4-33 团花“龙凤呈祥”

图 4-34 团凤之四　　图 4-35 团凤“喜相逢”

图 4-36 影凤之一

图 4-37 影凤之二

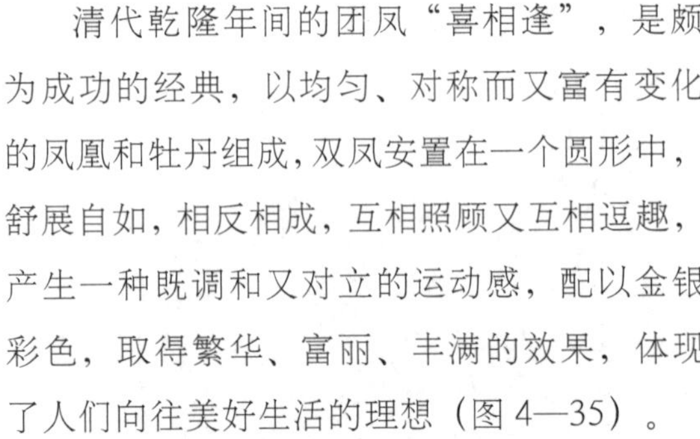

清代乾隆年间的团凤“喜相逢”，是颇为成功的经典，以均匀、对称而又富有变化的凤凰和牡丹组成，双凤安置在一个圆形中，舒展自如，相反相成，互相照顾又互相逗趣，产生一种既调和又对立的运动感，配以金银彩色，取得繁华、富丽、丰满的效果，体现了人们向往美好生活的理想（图 4—35）。

12. 影凤

影凤，以高度的概括手法，是用剪影的形式来表现凤凰的形象。影凤以高度的概括手法，造型优美、洗练、流畅、生动，是目前较为流行的凤凰表现手法（图 4—36、图 4—37）。

13. 拐子凤

拐子凤，源于草凤，又脱胎于草凤，形成一种独特的表现形式。拐子凤的线条挺拔、硬朗，转折处呈圆方角，常用在建筑、家具的装饰上（图 4—38）。

14. 凤的综合形式

凤和云、太阳、牡丹、梧桐、梅花、龙、麒麟等物体组合在一起时，可以组合成以凤为主体的综合性图案。这种图案始于隋唐，发展于明清，寓有吉祥喜庆的意蕴，为人民大众所喜闻乐见，在建筑工艺上运用十分广泛。常见的有“凤采牡丹”、“凤占鳌头”、“梅凤凌寒”、“丹凤朝阳”、“鸾凤和鸣”、“百鸟朝凤”、“金凤升福”、“对凤和美”、“比翼齐飞”、“鸾俦凤侣”、“双凤呈祥”、“龙飞凤舞”等（图 4—39 至图 4—50）。

图 4-38 拐子凤

图 4-39 凤采牡丹

图 4-40 凤占鳌头（石雕）

图 4-41 梅凤凌寒

图 4-42 金凤升福　　图 4-43 银凤晒羽

图 4-44 对凤和美（壁画）

图 4-45 丹凤朝阳　　图 4-46 鸾凤和鸣

图 4-47 比翼双飞

图 4-48 鸾俦凤侣

图 4-49 双凤呈祥

图 4-50 龙飞凤舞

下篇
腾飞在建筑中的龙凤

龙凤形象，在中国建筑艺术中的运用，广泛而频繁，多姿又多彩。如把中国传统建筑艺术比喻为中华民族遗产中一颗璀璨夺目的明珠，那么，腾飞在传统建筑上的龙凤，则是这颗明珠放射出的一道最为绚丽多彩的光环。下面我们撷取光环中的几束，以飨读者。

第五章　瓦当、汉砖、画像石中的龙凤形象

瓦当、汉砖、画像石中的龙凤形象主要表现在秦汉两代，大量出现却在汉代。

（一）瓦当中的龙凤

在中华民族的历史艺术宝库中，有一项极为珍贵而又少为人知的瑰宝——瓦当。它是古代建筑物上的一种装饰品，其实用功能是挡住屋檐前面筒瓦的瓦头，呈青灰色，有圆形和半圆两种。秦汉时代，瓦当艺术极为盛行，古代的艺术家们便在瓦当中饰以图案，其中以西汉晚期的青龙、白虎、朱雀、玄武四种图案造型最为出色。

龙和凤在瓦当中的形象一般是完整的，其造型经过高度的概括和提炼，以适合于圆形的瓦当中。龙或凤处于15～20平方厘米环圆形的瓦当边轮中盘曲环绕，伸展它那古拙宏浑的姿态。由于瓦当离开人们的视线较远，细部看不清楚，古代的艺术家们通过高度的概括和提炼删繁就简，使龙凤形象显得疏朗而又雅致，给人一种特殊的古拙美感。

图5－1的青龙是秦汉瓦当中的典范，青龙呈正侧面的走兽形，身披鳞甲，头部向前，目光正视，胡子和鬓毛十分洗练，概括成一束，向下自然圆曲。躯体较短，和颈部、尾部的区别十分明显。四肢作半圆形张开，行走从容自如，龙尾向上作“S”形弯曲，刚好填补了瓦当中的空隙处，给画面增添了装饰效果。整个瓦当中的龙纹寓美于古拙之中，给人以流动的、生机勃勃的活力。

图5－2中的瓦当龙纹是蛇状，躯体作“S”形蟠蚰飞舞，四肢、须发和肘毛都随着舞动的躯体而飘飞，古朴中含有典雅，矫健中带有奇谲，在这飞扬流动的节奏感中，给人一种向上的力量，一种宏浑的气势。

我国目前历史上最大的瓦当是秦始皇陵发现的“夔凤纹大瓦当”，这个瓦当呈大半圆形，直径61厘米，高48厘米，人们称之为“瓦当王”。瓦当的瓦面硕大，夔凤纹饰遒劲，结构严谨，图饰对称。从夔凤的形状看，是承袭了商周以来青铜器纹饰的传统技艺，堪称我国古代陶雕中之精粹，现藏陕西临潼县博物馆内（图5－3）。

“秦代凤纹瓦当”是瓦当中的经典，它

图 5-1 青龙（瓦当 · 汉）

图 5-2 蛇行龙（瓦当 · 汉）

图 5-3 夔凤纹大瓦当（秦）

的形状仍和青铜器上的夔凤一脉相承，虽没有背景衬托，却不显得单调和刻板，翅膀向右上方斜张，凤尾向上卷曲，末端分开两股，凤眼圆睁，两足分开，似乎在徐步行走，古朴中折射出雅致，给人一种淳厚、健壮、有力的感觉（图 5 － 4）。

图 5 － 5 的凤鸟又称朱雀，是汉代瓦当中的杰作，它处于环形瓦当边轮中间，凤翼张举，凤翼的中间是一轮太阳，象征它是表示赤丹的南方之神。凤鸟一足独立，一足抬起，口衔一珠，凤首和长尾伸延向上，并以几缕尾羽填补空间。头部作“S”形弯曲，冠羽扬起，既表现了朱雀的华美多姿，又显示出一种欲将飞腾的气势美。既肃穆又生动，表现手法既写实又夸张，气势昂扬，寓美于拙。

（二）汉砖中的龙凤

秦汉的雕刻艺术以汉代画像砖和画像石最具特色，主要刻画在宫殿、祠堂、石阙和陵墓上。

最早能见到龙凤纹的砖刻可以上溯到秦代，大量出现却在汉代，因此人们又把画像砖称为“汉砖”。汉画像砖“斩蛟图”是汉代龙纹中的杰作，斩蛟者右手荷盾，左手持剑，踩波迎浪，奋勇向前。蛟龙巨大，躯体呈“S”形蛇状卷曲，上面装饰着弧形双线和圆点。蛟龙舞动龙爪，张口吐舌，上唇夸张前伸，并向上卷曲，唇的前部是尖角状的巨牙，龙目突出而有神，龙角细长，没有分叉，角的顶端呈圆状卷曲，尾部、肘毛、龙爪和龙

图 5-4 凤纹瓦当（秦）　图 5-5 朱雀（汉）

躯体上伸出的分肢，都自然地呈圆弧状卷曲，和龙的“S”形躯体十分协调（图 5 － 6）。

图 5 － 7 是四川成都阙屋脊上的画像砖凤鸟，它将“彩陶”的淳朴，“青铜”的庄重，战国工艺品的奔放融为一体。你看，它口衔宝珠，双翼斜张似作拍打之势，五条尾羽和四条冠羽伸展有度，流利奔放。整只凤的造型简洁潇洒，节奏感强烈，展示了大汉帝国宽厚、深沉、雄建、活跃的宏大气势，是汉代画像砖中凤鸟的典型代表。

（三）画像石中的龙凤

画像石，是官僚富豪阶层厚葬风盛行的产物。技艺精湛的石工们以石代纸，以刀代笔，以线和面造型，刻画了龙凤的形象。这种有力的线和大块的面相互搭配，构成了汉代石

图 5-6 斩蛟图（砖刻 · 汉）　图 5-7 凤鸟（四川成都阙脊上的画像砖 · 汉）

刻龙凤的艺术特征。

河南南阳的画像石，是西汉晚期至东汉的画像石墓，龙的布局疏朗简洁，造型不拘细微，但求神似，头部为圆雕，两侧用浮雕刻划成身和翼，具有深沉雄大、古朴豪放的艺术风格。图5－8是河南南阳县十里铺东汉画像石中的应龙，你看，应龙正徐步行走，洞察着周围的动静，随时准备腾冲。从局部来看，龙的颈是细的，四肢是残缺的，但从整体看，它却是健全完美的，给人以一种即将迸发的力量。

汉代的凤纹画像石，线条流畅雄健，简练有力，具有健康的生命力，凤的形象都不是呆板的、静止的，而是运动着，给人以自由、奔放的感觉和蓬勃向上的力量。下面两幅凤鸟的造型是汉代画像石的典型代表作，我们可以从凤的凝练和雄浑相结合的造型，简练概括的手法，典雅遒劲的刀功和动静相乘的装饰上，体味出汉代画像石艺人们的开阔胸襟和高超的造型技艺（图5－9）。

图5-8应龙（画像石·河南南阳·东汉）

图5-9凤鸟二例（画像石·汉）

第六章 建筑中的平面装饰龙凤

龙凤形象在中国建筑中的平面装饰十分普遍，主要表现形式有浮雕和绘画两种，大多装饰在古建筑的部件和影壁中。其中最有代表性的是九龙壁、古建彩画、木雕梁枋和石雕丹墀。

（一）中国的九龙壁

九龙壁是影壁的一种。影壁为建筑物大门外的墙壁，正对大门以作屏障，俗称照墙、照壁。影壁是由“隐避”演变而成，门内为“隐”、门外为“避”，惯称影壁。

九龙壁是群龙起舞的吉祥象征，阳数之中，九是极数，中间的第五条龙为坐龙。“九五”之制为天子之尊的重要体现，寓意威力和气势。九龙壁主要由琉璃、彩绘、砖雕等材质制作完成，整体有着极高的艺术价值，这几种里面尤其数琉璃制作的九龙壁最为有气势，色彩也更加艳丽。

1. 北京北海九龙壁

北京北海西天梵境九龙壁和北京故宫皇极殿门前的九龙壁，是我国殿宇影壁中的精华，上面腾飞的龙具有高度的艺术水平，据专家、学者鉴定，在我国龙的演变中，北京北海九龙壁是形象最完美的龙。

北京北海西天梵境中的九龙壁为清代乾隆年间的遗物，创建于乾隆二十一年(1756年)，壁长25.86米，高6.65米，厚1.42米。奔腾于云雾波涛中的琉璃蟠龙浮雕， 升降各异，体态矫健，龙爪雄劲。

从左往右看，第一对龙为橙黄色升龙和紫色降龙，两条龙正在争耍宝珠，龙头相对，龙尾均朝左翻卷；第二对龙为玉色的升龙和蓝色的降龙，它们也在戏争宝珠，玉色的龙张开四爪，似在大声吟叫助威。而蓝色的龙正积聚力量，从容应战；第三对龙是正黄色的坐龙和蓝色的降龙，坐龙是九龙壁的中心，龙身卷曲，四肢张开，看去似端坐的姿态，而它的头部则从正中往下俯冲，给人一种迸发的力度感；第四对龙为玉色的升龙和紫色的降龙，它们都各自在戏弄着自己的宝珠，玉色龙抿着嘴唇，用前爪抚弄着宝珠，而紫色龙奔腾而下，呼啸向前；第五部分是一条

图 6-1 北京北海“九龙壁”之一（琉璃 · 清）

图 6-2 北京北海“九龙壁”之二（琉璃 · 清）

图 6-3 北京北海“九龙壁”之三（琉璃 · 清）

图 6-4 北京北海“九龙壁”之四（琉璃 · 清）

图 6-5 北京北海“九龙壁”之五（琉璃 · 清）

图 6-6 北京北海“九龙壁”之六（琉璃 · 清）

图 6-7 北京北海“九龙壁”之七（琉璃 · 清）　　图 6-8 北京北海“九龙壁”之八（琉璃 · 清）

图 6-9 北京北海“九龙壁”之九（琉璃·清）

橙黄色的单龙，看来这条龙似乎不对称，但从整个九龙壁来看，它却和最右端的那条橙黄色的升龙遥相呼应。

北海的九龙壁两面有龙，由琉璃砖烧制的红黄蓝白青绿紫等七色蟠龙 18 条。九龙壁为五脊四坡顶，正脊上两面各有九条龙，垂脊两侧各一条，正脊两吻身上前后各一条，吞脊兽下，东西各有一块盖筒瓦，上面各有龙一条，五条脊共有龙 32 条。筒瓦、陇垂、斗拱下面的龙砖上都各有一条龙（四周筒瓦 252 块，陇垂 251 块、龙砖 82 块）。如此算来，九龙壁上的龙共有 635 条（图 6 － 1 至图 6 － 9）。

北京故宫皇极殿前的九龙壁比北海九龙壁迟了 16 年，为乾隆三十七年（1772 年）改建宁寿宫时烧造。故宫九龙壁位于紫禁城宁寿宫区皇极门外，是一座背倚宫墙而建的单面琉璃影壁，长 20.4 米、高 3.5 米，厚 0.45 米，虽然精致华贵，但不及北海九龙壁。

2. 山西大同九龙壁

山西大同九龙壁建于明洪武二十五年（1392 年），是我国最大最早的九龙壁，距今已有 600 多年的历史。该壁为明太祖朱元璋第十三子朱桂“代王府”前的照壁，朱桂从小被立为太子，但他不读诗文，秉性愚顽，无才无德，后被朱元璋废去，改封代王，镇守大同。后四子朱棣立为太子，朱桂听到这个消息后不服，大吵大闹，朱元璋没有办法，只好在大同城内大兴土木建造宫殿，让代王过过“皇帝瘾”。后来，代王看到燕王朱棣府内有一座九龙壁，十分壮观，便也要造一座九龙壁。他把图纸要了回来，征集了名师高匠，在大同建造九龙壁。

大同九龙壁坐北朝南，造了半年，比燕王府内的九龙壁长 2 尺，高 2 尺，厚 2 寸。全长 45.5 米，高 8 米，仅壁身的九龙壁主体高度就有 3.72 米，厚 2.02 米。正脊上的两龙卧龙形神酷肖，壁面上的九条琉璃彩龙，或盘曲回绕，搏浪戏珠；或昂首奋身，吞云吐雾，以不同的姿态和参差的变化，使九龙壁熠熠生辉。大同九龙壁比北京的九龙壁显得更为博大宏浑、深沉古雅，留存至今，成为我国最大的九龙壁。然而，为了区别与皇帝的地位差别，大同九龙壁的龙爪为四爪龙，不同于北京北海、故宫的五爪龙九龙壁。2001 年 06 月 25 日，大同九龙壁作为明代古建筑，被列入第五批全国重点文物保护单位（图 6 － 10、图 6 － 11）。

3. 山西平遥九龙壁

山西平遥九龙壁始建于明初，原为“太子寺”的山门照壁。太子寺位于平遥古城城隍庙街平遥文庙东侧，一直是古城的标志性建筑。该寺奉祀的是佛祖释迦牟尼成佛前在迦毗罗卫国当净梵王太子的塑像，因此，古代邑人以皇家规格塑造了九龙照壁。

平遥九龙壁，通高 4 米，宽约 20 米，比北京北海九龙壁稍稍小了一点，长度是大同九龙壁的一半。该壁下筑青砖须弥座，顶部灰瓦覆盖，饰五脊六兽。壁面由预制的高浮雕五彩琉璃件拼砌而成，画面下方是惊涛骇浪的沧海，上方是漫无边际的云山。居中的是一条黄色蟠龙，左右两边，各有蓝、绿、赭、黄相间的行龙飞腾盘绕，气象万千。九条龙以泥陶为胎，裹以琉璃，离平面很高且充满张力。龙身呈 S 形翻卷，腾那自如，错落有致。龙头狭长，头端上拱，除三条龙开口外，其余六条龙均紧抿着嘴唇，龙牙棱棱外露，威厉严谨。龙发长条成束，往后延伸，规范有序。四爪伸展张扬，强劲有力。虎形尾巴，与龙头互为呼应。整座九龙壁造型夸张，生动传神，堪称我国古代九龙壁塑中的极品（图6－12至图6－20）。

作为龙饰的影壁，我国还有七龙壁、五龙壁、三龙壁和一龙壁，但其造型艺术和气势均不及九龙壁。

图 6-10 山西大同的四爪龙“九龙壁”之一（琉璃·明）

图 6-11 山西大同的四爪龙“九龙壁”之二（琉璃·明）

图 6-12 山西平遥“九龙壁”之一（琉璃·明）

图 6-13 山西平遥“九龙壁”之二（琉璃·明）

图 6-14 山西平遥“九龙壁”之三（琉璃·明）

图 6-15 山西平遥“九龙壁”之四（琉璃·明）

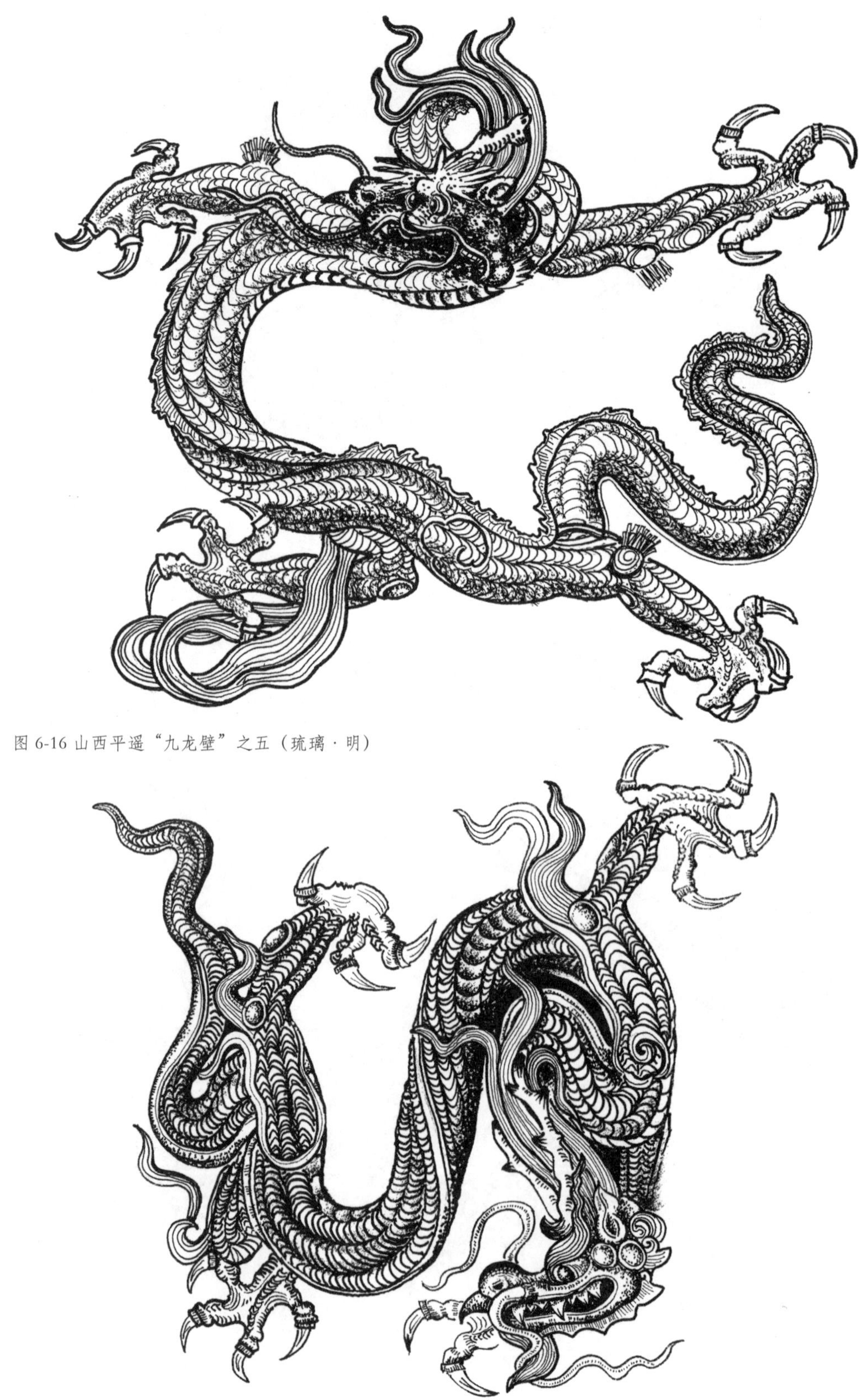

图 6-16 山西平遥“九龙壁”之五（琉璃 · 明）

图 6-17 山西平遥“九龙壁”之六（琉璃 · 明）

图 6-18 山西平遥“九龙壁”之七（琉璃 · 明）

图 6-19 山西平遥“九龙壁”之八（琉璃 · 明）

图 6-20 山西平遥“九龙壁”之九（琉璃 · 明）

（二）古建彩画中的龙凤

古建筑上的彩画可分为三种类型：“和玺彩画”、“旋子彩画”和“苏式彩画”。

按清代彩画制度，“和玺彩画”是清式彩画中最高级的一种，龙凤是主要装饰纹样。以青、绿、红等底色衬托金龙图案，非常华贵。根据各部位所画内容不同，“和玺彩画”又分为金龙和玺、龙凤和玺、龙草和玺三种。

金龙和玺是用各种姿态的金龙构成的彩画图案，它在整个彩画中的等级又是最高的。彩画面积一般比较长，给人一种节奏上的韵律感。龙凤和玺是龙和凤排比在一起的彩画图案，青地画龙，绿地画凤，龙飞凤舞，生动活泼。龙草和玺是把龙和大草交杂在一起，龙画于绿地上，大草画于红地上。色彩调子一般以青绿为主，给人以庄严宁静的感觉。

彩画中龙的形状大致分为行龙、坐龙、升龙、降龙四种。行龙和坐龙既要注意龙的内在力量，又要注意其平稳，大多是双龙戏珠图案，而坐龙一般是单相。升龙和降龙既要突出其矫健活泼的体型，又要注意其上升和下降的趋势。一般青地画升龙，绿地画降龙（见图 6 － 21 至图 6 － 26）。

宫殿天花板上的装饰称为“藻井”，按建筑的类别和等级的不同，装饰团龙、白鹤、双夔龙、寿字、花卉等单层图案。其中龙的级别是最高的，大都画坐龙图案，也有画升降龙的。

北京天安门是明清时期皇宫的正门，城楼上的金龙装饰彩画是清代和玺彩画中等级最高的，也是我国金龙彩画中的典型。金龙环绕，灿丽辉煌，显示了帝德天威的尊严（图

图 6-21 行龙（建筑彩画 · 清）

图 6-22 升龙（建筑彩画 · 清）

图 6-23 龙凤和玺（建筑彩画 · 清）　　图 6-24 双龙戏珠（建筑彩画 · 清）

6 － 27、图 6 － 28）。

彩画艺人在绘龙的实践中，对行龙、坐龙、降龙和升龙总结出“行如弓，坐如升，降如闪电升腆胸”的程式。其他还有“龙不低头，虎不倒尾”、“颈忌胖，身忌短，三弓，六发，九曲，十二脊刺”的大致规定。

北京故宫还有不少彩绘凤纹，大多呈飞翔之势，造型工整纤巧。凤首前顾，颈羽披拂，展翅振飞，凤势感人，凤尾似带，迎风招展（图 6 － 29）。

图 6 － 30 是明清建筑彩画中的“平飞凤”，凤纹结构规整，头部神态庄重怡然，翅羽纹饰工整有韵，凤尾呈卷草叶，丰满而美观。凤纹在彩画中的形象层出不穷，它们有的平飞，有的上升，有的下降，有的作孤状弯曲，造型生动而自然，得体而飘逸（图 6–31 至 6–36）。

彩画的另一种形式是壁画。壁画是绘在建筑物的墙壁或天花板上的图画。为人类历史上最早的绘画形式之一。原始社会时期，人类在洞壁上刻画各种图形，以记事表情，是最早的壁画。

壁画分为粗底壁画、刷底壁画和装贴壁画三种。我国自周代以来，历代宫室乃至墓室都有饰以壁画的制度；随着宗教信仰的兴盛，又广泛应用于寺观、石窟等场所。汉代和魏晋南北朝时期是中国壁画的繁荣期，唐代形成兴盛期，如敦煌壁画、克孜尔石窟等，为当时壁画艺术的高峰。宋代以后，壁画逐渐衰落。1949 年后，中国壁画得到恢复与发展，下面撷取的是现代的龙凤壁画（图 6 － 37 至图 6 － 50）。

图 6-25 夔龙戏珠（建筑彩画 · 清）
图 6-26 夔龙纹（建筑彩画 · 清）

图 6-27 坐龙 （北京天安门城楼 · 清）
图 6-28 行龙（北京天安门城楼 · 清）

图 6-29 升凤（北京故宫建筑彩画·清）

图 6-30 平飞草凤（建筑彩画·清）

图 6-31 彩画凤纹四例（清）

图 6-32 贡形凤二例（建筑彩画 · 清）

图 6-33 飞凤（建筑彩画 · 清）

图 6-34 “凤采牡丹”团凤（建筑彩画 · 清）

图 6-35 云凤（建筑彩画 · 现代）　图 6-36 草凤（建筑彩画 · 现代）

图 6-37 翻云化霖(壁画)

图 6-38 春风得意(壁画)

图 6-39 取财有道

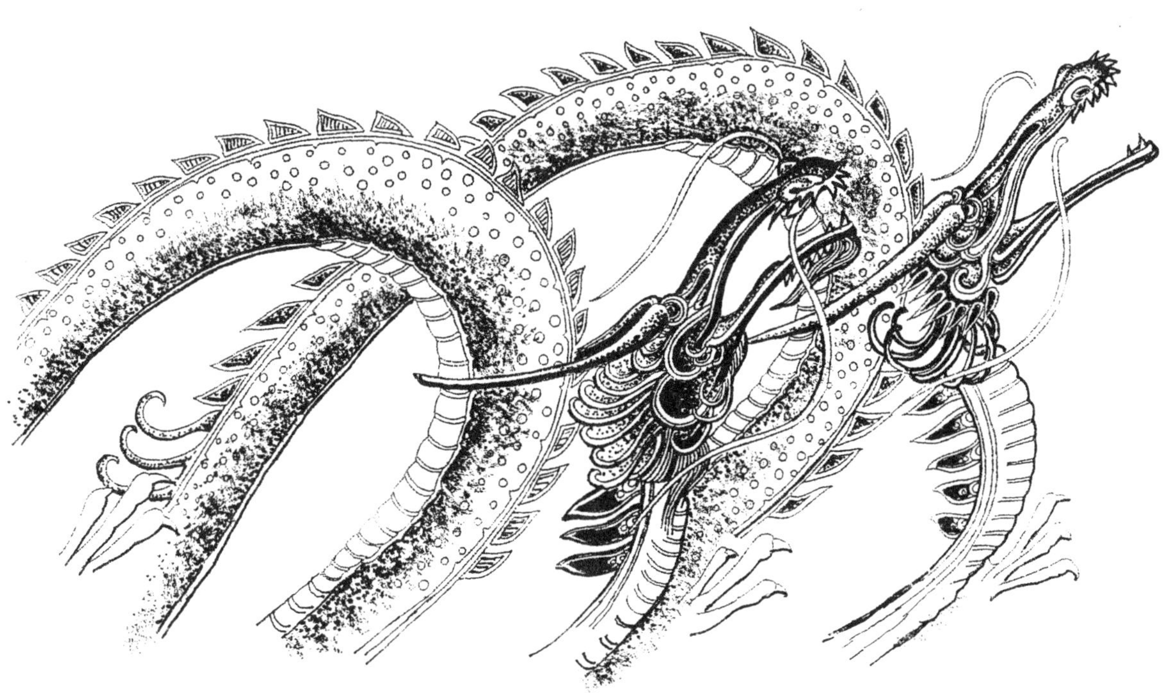

图 6-40 并驾齐驱

图 6-41 矫龙戏珠之一　　图 6-42 矫龙戏珠之二

图 6-43 喜降吉祥

图 6-44 金凤牡丹

图 6-45 双凤护花　　图 6-46 翩翩来福　　图 6-47 祥云结彩

图 6-48 上下同心　　图 6-49 风彩翩翩　　图 6-50 华堂耀辉

（三）石雕中的龙凤

在中国的建筑艺术中，以石雕的形式保存下来相对比较多。从六朝到唐代，龙凤的发展幅度较大。龙凤主体以外的装饰开始出现，如云纹气浪、花草纹、绶带等，组成了以龙凤为主体的综合性图案。使龙凤的形态显得富丽雍容，婉雅俊逸，丰富多彩（图6－51至图6－54）。

图6－55是隋代大业年间建造的河北赵县安济桥（即赵州桥）栏板上的兽形龙，它虽然没有脱离兽身的形态，但它已开始从匍匐行走状解脱出来，有了新的变化。龙呈钻穿栏板状，体态矫健有力，形神动人，龙头的口角特别深，上唇翘起，双眼有神，四肢筋骨裸露，爪呈三趾，尾似虎尾，堪称隋代龙中的杰出代表。

图6－56是唐代墓志上的石刻龙纹，龙呈走兽形，张嘴吐舌，喷云吐雾，四肢稳健有力，似发出隆隆吼声，以慑人的威势昂然走来。

六朝时期的石刻凤鸟主要用于石棺、墓志、墓群的装饰上，相当部分担负了守卫的职责，

图6-51 兽形龙（石雕·南朝） 图6-52 行龙（石雕·南朝）

图 6-53 兽形龙（石雕 · 南朝）

图 6-55 穿板龙（河北赵县安济桥上的石雕 · 隋）

图 6-54 奔龙（石雕 · 南朝）

因此凤鸟优雅、美观的感受减弱了，重点突出了它的威武和雄健，以保护死者不受鬼蜮的侵扰。图 6 － 57 中的石刻凤鸟疾步飞奔，凤翅拍动，显得机警而威风。

唐代是我国绘画的兴盛时期，石刻凤纹十分盛行，在艺术风格上显得更为丰满和细腻。如图 6 － 58 中的唐大智禅师碑侧的凤鸟图案中，连凤鸟尾部的鳞羽都逼真地刻画出来了，它的尾羽呈叶状的卷纹式样和凤翅翼部的花纹相一致，装饰趣味很浓，是唐代石刻凤纹的杰出代表。

从唐代开始，龙鳞得到具体的细致刻画，这种在鳞片上再加细纹的刻划得到当时社会上的普遍喜爱，因此广为流传，并一直延续到宋元明清（图 6 － 59、图 6 － 60）。

明清时期，龙凤是最高统治者的化身，其形象大多装饰在宫殿、皇陵、坛庙的各种建筑上。根据龙凤的神奇形象，艺术家们用手中的斧凿，在不同的建筑部位施艺：在方圆的建筑面上装饰坐龙、坐凤，在狭长的建筑面上装饰行龙、飞凤，在两两对称的部位装饰双龙、双凤或“龙凤呈祥”，在连续性的部位将龙凤纹样与香草组合起来，装饰成草龙、草凤。这种种变形的装饰，巧妙得体，留传至今，成了中华民族灿烂文化的组成部分（图 6 － 61 至图 6 － 65）。

最令人震撼的是北京故宫内的半浮雕石刻龙凤造型，大多是明代留下的珍品，艺人们用数不尽的斧凿之功，将冥顽不化的青石，消融成件件精细华美、神采飞扬的艺术形

图 6-60 花尾凤（元）

图 6-56 兽形龙（石雕 · 唐）

图 6-57 疾奔的凤鸟（墓志盖上的石雕 · 南北朝

图 6-58 凤鸟（大智师碑侧的石雕 · 唐）

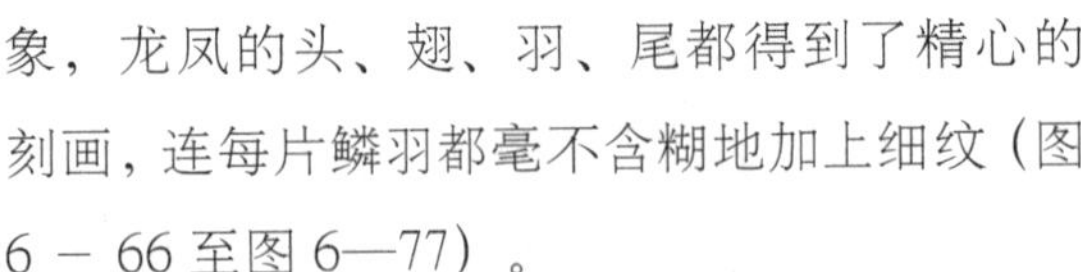

6-59 鹤形凤（石雕 · 唐）

图 6-61 螭龙（石雕 · 明）
图 6-62 北京十三陵华表底座的龙纹（石雕 · 明）

象，龙凤的头、翅、羽、尾都得到了精心的刻画，连每片鳞羽都毫不含糊地加上细纹（图 6 － 66 至图 6—77）。

晚清时期，凤的形象更为升华，它竟盘飞在象征为皇帝的腾龙之上，在清东陵的隆恩殿和故宫内的石栏板上，我们便可看到凤在上，龙在下，凤在先，龙在后的石刻图纹。由于艺人们的巧妙构思，这种龙凤易位的造型仍令人感到奇特和优美，不失为具有艺术魅力的杰作。在封建社会中，龙的图纹等级极其森严，臣民百姓不得乱用，如越雷池，便要处以极刑。那么，让龙凤易位的“金口”是谁开的呢？据说是自命不凡的慈禧，她要凌驾于真龙天子之上，成为中国的最高主宰者，因此把石刻图案作了更改，使凤能盘飞到龙的上方。

（四）漏窗中的龙凤

漏窗，俗称花墙洞、花窗，是一种满格的装饰性透空窗，透过漏窗可隐约看到窗外景物。漏窗是中国园林中独特的建筑形式，通常作为园墙上的装饰小品，多在走廊上成排出现，江南宅园中应用很多，具有十分浓厚的文化色彩。漏窗窗框的形式有方、横长、直长、圆、六角、扇形及其他各种不规则形状。 漏窗图案变化多端，千姿百态，龙凤形象生动美观，组成躯体的线条，既刚健挺拔，又婀娜柔和，可短可长，可方可圆、可随意曲卷，适合各种各样的形态变化，成为漏窗图案中最富于东方色彩的装饰纹样（图 6 － 78 至 6—82）。

图 6-63 飞凤（石雕·明）图 6-64 柔情蜜意（石雕·明）

图 6-65 凤鸟二例（石雕·明）

图 6-67 双龙戏珠之二（北京故宫石雕·明）

图 6-71 螭虎与应龙（石雕·清）

图 6-66“双龙戏珠”之一（北京故宫石雕 · 明）

图 6-70 升龙（北京故宫石雕 · 明末）

图 6-69 双凤牡丹（石雕 · 明）

图 6-68 “双凤戏珠”（北京故宫石雕 · 明）

图 6-72 草凤（石雕 · 清）

图 6-73 双凤来仪（石雕 · 清）

图 6-74 凤采牡丹（石雕 · 清）

图 6-75 祥云对凤（石雕 · 清）

图 6-76 降凤（石雕 · 清）

图 6-77 双凤穿云（石雕 · 清）

图 6-78 漏窗之一（坐龙）

图 6-79 漏窗之二（草龙）

图 6-80 漏窗之三（草龙）

图 6-81 漏窗之四（草龙）

图 6-82 漏窗之五（翻卷龙）

第七章　建筑中的立体装饰龙凤

龙凤立体形象作为独特的建筑语言，在中国的传统建筑装饰中比比皆是，在殿堂庙宇的屋脊垂脊，在园林、街头和广场的雕塑，在高档次古建筑的室内装饰以及龙舟凤船上，均腾跃着龙凤或宏浑或隽雅的身影。

(一)殿堂庙宇冠冕上的龙兽凤禽

在我国上等级的殿堂庙宇屋脊垂脊上，往往留有龙兽凤禽的身影。它们有的蹲立，有的腾飞，有的行走，有的扬尾吞脊，鳞飞爪张，气度非凡，为端庄持重的古建筑平添了一层神秘、奇谲而威严的气氛。

正脊是殿堂庙宇的正中屋脊，一般显赫的屋脊两端均有缩头卷尾张嘴吞脊的龙形装饰物，这便是正吻，古时称它为鸱尾、鸱吻、龙尾、龙吻和螭吻。现在我们见到的龙形正吻是清代的装饰，它口吞正脊，身披鳞甲，背插剑把，后加背兽，上塑小龙，威武而瑰丽（图7－1）。

清代正吻一般为琉璃制成，有大小8个等级。现存的琉璃正吻当数山西省大同市西部的华严寺最大，大殿殿顶正脊上的琉璃正吻高达4.5米，它“卓立天骨森开张”，巨型大口吞住正脊两端，龙体朝上延伸，尾部自然地向两边中心卷曲，气势生动矫健（图7－2）。

明代大学士李东阳把正脊两端的正吻说成是龙生九子中的老九，而把蹲在垂脊前端的一行小兽称为“嘲风”，为龙的第三个儿子。

嘲风，安放在“垂脊兽”前的一段戗脊带的尽头上。垂脊兽，是垂脊上的龙形兽头，嘴唇紧抿，神色严谨，双眼炯炯有神，警觉地眺望远方（图7－3至图7－5）。

垂脊兽的前方是戗脊带，这里是站立嘲风的地方。脊带上的小兽呈直线排列，领头者为骑凤仙人，以下九个小兽依次为：龙、凤、狮子、天马、海马、狻猊、押鱼、獬豸、斗牛（图7－6）。

为什么要选用骑禽的“仙人”作为领头者？这些小兽安放在古建筑的垂脊上又有什么作用呢？这得从春秋战国时期说起。传说齐国的国君在一次作战中失利，他逃到一条大河岸边，回头一看，后边追兵就到眼前。危急之中，突然，一只凤鸟展翅飞到齐王面

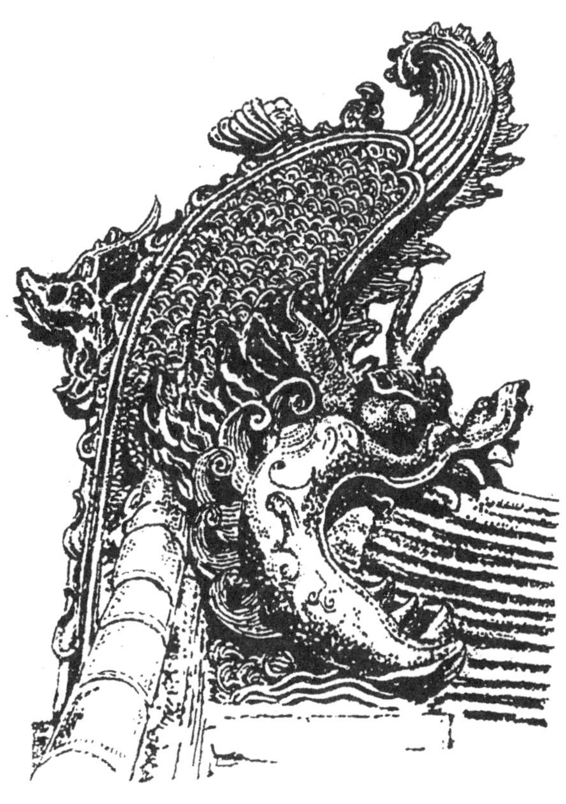

图 7-1 正吻（山西大同华严寺 · 清）

图 7-2 正吻（山西大同华严寺 · 清）

图 7-3 垂脊兽之一（北京颐和园仁寿殿 · 清）

前，齐王急忙骑上凤鸟，渡过大河，躲过一劫。此后，齐王重整军马，获得大胜。古人把它放在建筑脊端，表示骑凤飞行，能逢凶化吉。其他九个小兽均有消灾灭祸、剪除邪恶的美好含意。如龙、凤、天马、海马、押鱼是吉祥喜庆、高贵威仪的象征。狮子代表勇猛威严，能辟邪除恶。狻猊为龙子，能逢凶化吉，保佑平安。獬豸，又称角瑞，头生独角，民间称其为独角兽，能分辨正邪。斗牛，属虬龙种，是避火的镇物。

按明清两代规定，殿宇嘲风小兽的安放有严格的等级制度。由于在佛教里，奇数表示清白，所以在屋脊上装饰的小兽大多是奇数，即一、三、五、七、九不一。嘲风小兽排列多少跟殿宇等级成正比，殿宇等级越高，排列个数越多，以九为最高等级，只有北京故宫的太和殿才能十样俱全，这 10 只神兽，取意“十全十美”，这在中国宫殿建筑史上是独一无二的，显示了至高无上的重要地位。中和殿、保和殿、天安门都是九个，次要的

图 7-6 垂脊兽前的“嘲风”

图 7-4 垂脊兽之二（北京故宫 · 明）

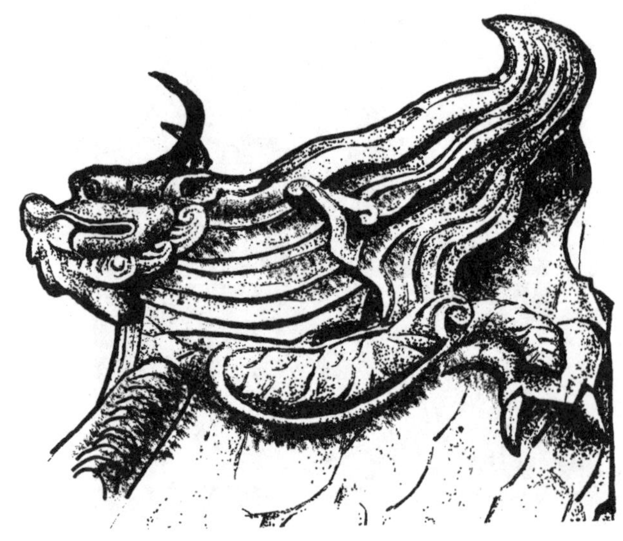

图 7-5 垂脊兽之三（北京安定门 · 清）

殿堂则要相应减少。嘲风，不仅具有威慑妖魔、清除灾祸的寓意，而且使古建筑更加雄伟壮观。

值得一提的是地处浙江上虞百官镇的“虞舜宗祠”大殿的正脊顶部，装饰着一只立体的凤鸟，为大殿增添了优美的轮廓线，并与对面的凤凰山遥相呼应，有百鸟和鸣、百官来朝之意（图 7 – 7）。

巍然高耸的殿宇，如翼轻展的檐部，层层托起的斗拱，配以造型奇特的螭吻、龙形垂兽头、垂脊上排立的嘲风，三者浑然一体，在变化中得到和谐，在神奇中显出韵律，达到宏伟与精巧的统一，构成了中国古代殿堂庙宇神秘、壮美而尊贵的冠冕，为中外人士所赞美。

(二)雕塑中的龙兽凤禽

在我国殿堂、园林、广场和街头中，龙凤的雕塑形象时有出现。龙凤雕塑按形式分有圆雕、凸雕、浮雕、透雕等，使用材料有永久性材料（金属、石、水泥、玻璃钢等）和非永久性材料（石膏、泥、木等）。园林雕塑常用永久性材料的立体圆雕，至于凸雕、浮雕、透雕则常与建筑物的装饰需要相结合。

龙凤雕塑可配置于广场、花坛、林荫道上，也可点缀在殿堂的前方，园林的山坡、草地、池畔或水中。使雕塑与建筑、园林环境互为衬托，相得益彰。

安置在北京颐和园仁寿殿前的铜龙高约 1.4 米，与铜凤双双相依，造型生动，精致华贵，龙鳞刻画细腻，具有典型的清代风格。值得注意的是仁寿殿原先是乾隆年间建造的清漪园，园前安放着铜龙、铜凤。在封建社会里，龙象征着皇帝，凤象征着皇后，龙在上，凤在下。乾隆年间，清漪园安放的次序是龙在中央、凤在龙的外侧。后来清漪园遭到外国侵略者掠夺，把铜龙、铜凤也都掠夺走了，至今下落不明。现在安放在仁寿殿前的铜凤、铜龙，是慈禧重修颐和园时铸制的，游客在铜凤、铜龙正前方的下侧底座前可以看到“光绪年制”的字样。当时，慈禧命令把铜凤放在中央，铜龙放在中央外侧，以象征“凤在上，龙在下”，因而现今见到仁寿殿前的铜凤、铜龙的安放位置，是按照慈禧的意图恢复的（图 7—8）。

山东省威海市环翠公园内的“环卷龙”，以商代玉雕龙的造型出现，龙的外形呈圆周造型环卷着，体现出团块性的体量感，给人一种向外的扩张力。作品将几何形的装饰手法、现代材料的制作工艺和久远的传统造型巧妙地结合在一起，使人的思绪飞越万里关山的时轮间隔，回复到中华民族遥远的古代（图 7—9）。

安置在江苏省徐州市云龙公园内的“双龙”雕塑，是“十二生肖”中的一件，两条龙呈圆周对称造型，在圆浑中表现了回环贯通、一气呵成的宏大气魄（图 7 – 10）。

宁波机场上的“腾龙”雕塑，简洁大气，双龙志在蓝天，正积聚力量腾空而去（图 7—11）。

韩美林是我国著名的雕塑艺术家，他在全国留下了数十尊巨龙雕塑，其中“钱江龙”便是杰出的代表。整座作品由上部主雕巨型钱江龙和下部四条小龙组成，主龙高达 27 米，重达 110 吨，龙首昂起，朝向东海，龙身蜿蜒腾跃，龙爪伸展四方，龙尾直插云天，为中国目前最大的青铜雕龙制品（图 7—12）。

图 7-7 凤鸟（浙江上虞 虞舜宗祠太殿顶部装饰 · 现代）

图 7-8 铜龙（北京颐和园仁寿殿前 · 清）

图 7-9 环卷龙（山东省威海市环翠公园）

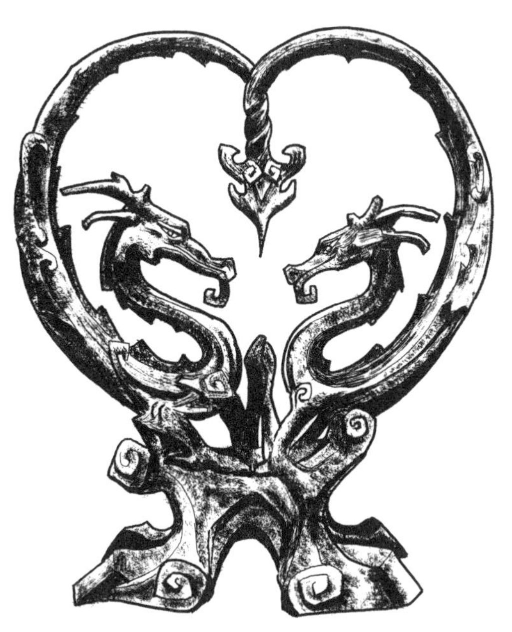

图 7-10 双龙（江苏省徐州市云龙公园铜雕）

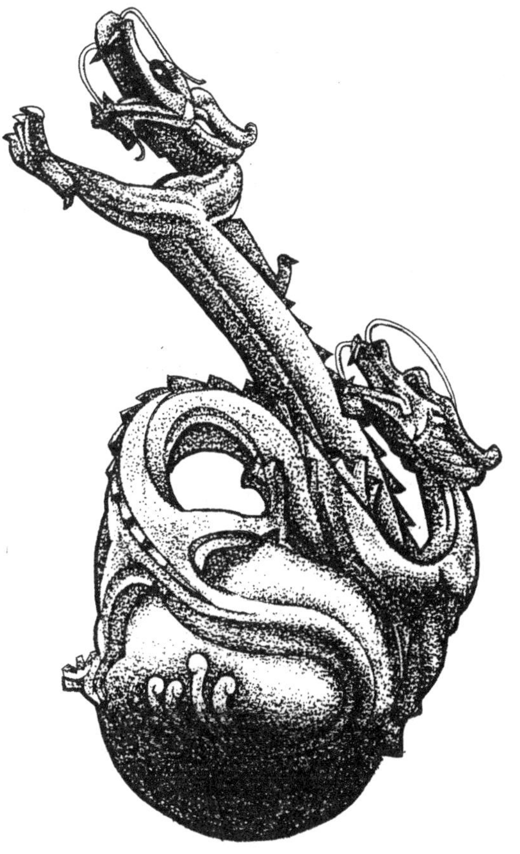

图 7-11 腾龙（浙江宁波机场）

图 7-12 “钱江龙”中的主龙（浙江钱塘江边·铜雕）

韩美林创作的“中华龙”刻画的是生肖龙的形象。这条从天而来的“降龙”，四肢张开，蹬着火珠，龙首奋昂，龙尾耸天，龙身呈S形翻卷，威武矫健，宏浑辉煌，跃然欲飞，浓缩着一股勃发的生命之力，给人一种蓬勃兴旺的精神（图7—13）。其他如“戏珠龙”、“蹲龙”、“情系蓝天”，同样给人以浓浓的艺术感染力（图7—14至图7—16）。

安置在江苏常州淹城大门前的守护铜龙，古朴而庄重，折射出春秋晚期古城遗址的历史沧桑（图7—17）。

“携珠行龙”是一件铜铸的雕塑小品，龙远眺前方，携着宝珠，迈开矫健大步，扭躯摆尾，虎虎生风（图7—18）。

雕塑小品“出海蛟龙”给人一种灵动的神韵，蛟龙躯体呈S形扭动，正从海浪中跃然出来，张开龙嘴，仰天长啸（图7—19）。

“龙吐圣水”是一尊园林雕塑，龙穿过

图7-13 中华龙（铜雕）

图7-14 戏珠龙（铜雕）

图 7-15 蹲龙

图 7-17 江苏常州淹城（春秋晚期古城遗址）铜雕守门龙

图 7-19 出海蛟龙（雕塑）

图 7-16 情系蓝天（铜雕）

图 7-20 龙吐圣水（园林雕塑）

图 7-18 携珠行龙（铜铸）

图 7-21 兴风布雨（石雕）

太湖石的洞穴往下延伸，张开四肢，倒挂龙体，从口内吐出圣水，惠泽百姓（图 7—20）。

其他如“兴风布雨”、“沧龙护珠”、“气吞万里”、“启祥纳福”、“龙行虎步”、“卷鼻龙顶盆”、“龙施吉祥”等均是龙形雕塑中的佳作（图 7—21 至图 7—27）。

“凤凰来去，吉祥如意；爱在蓝天，中国之翼”。 凤凰的雕塑往往与当地的地理特征、历史沿革、民间传说、风俗习惯联系起来，因此，凤凰成了当地的标志。如“凤凰展翅”是湖南凤凰县的标志，凤凰展翅翱翔，为当地百姓带来吉祥（图 7 － 28）。又如楚国的典籍中有很多关于凤凰的神话传说、成语典故，现在仍在荆州地区流传，使凤凰成了荆州的城市标志（图 7 － 29）。

“凤凰涅槃”，是云南大理崇圣寺广场的雕塑。凤凰经历烈火的煎熬和痛苦的考验，获得重生，并在重生中达到升华，称为“凤凰涅槃”。说的是凤凰在大限到来之时，集梧桐枝后燃火自焚，然后在烈火中新生，称为“涅槃”。新生后的凤凰，其羽更丰，其音更清，其神更髓。寓意不畏痛苦、义无反顾、不断追求、提升自我的执着精神（图 7 － 30）。

以春秋时期秦穆公筑凤凰台，萧史、弄玉“吹箫引凤”为题材的雕塑就有多座。位于江苏省扬州市东郊泰安镇境内的《吹箫引凤》，高六米，重三十多吨，是一座大型花岗岩石雕。其他如山东青岛黄岛区的雕塑“金凤凰”、西安大唐不夜城的雕塑“凤鸟”、安徽芜湖鸠兹广场雕塑“立凤”以及铜雕“引凤台”、“朱雀扬尾”等，这些凤凰造型丰富了人们的精神文化生活，为城市起到装饰和美化作用（图 7 － 31 至图 7 － 35）。

城市的凤凰标志往往简洁而高雅，传神而生动，令人过目难忘。凤凰广场是“凤凰城”山东利津县的标志性建筑，广场前方正中有一个高达 12.6 米的鲜红色金属凤凰雕塑，凤凰口衔金珠，展翅欲飞，形同火炬，为广场主雕塑，雕塑底座刻有“凤临宝地”的字样。其他如“火凤展翅”、“蓝天金凤”的雕塑也有异曲同工之妙（图 7 － 36 至图 7 － 38）。

凤凰的雕塑造型，以刚柔相济的风貌，靓丽动人的色彩，翱翔在东方的万里云天，同时也翱翔在亿万人们的心中。

图 7-22 苍龙护珠（铜雕）

图 7-23 气吞万里（螭龙）

图 7-24 启祥纳福（雕塑）

图 7-25 龙行虎步（石雕）

图 7-26 卷鼻龙顶盆（山西大同建筑小品）

图 7-27 龙施吉祥（铜雕）

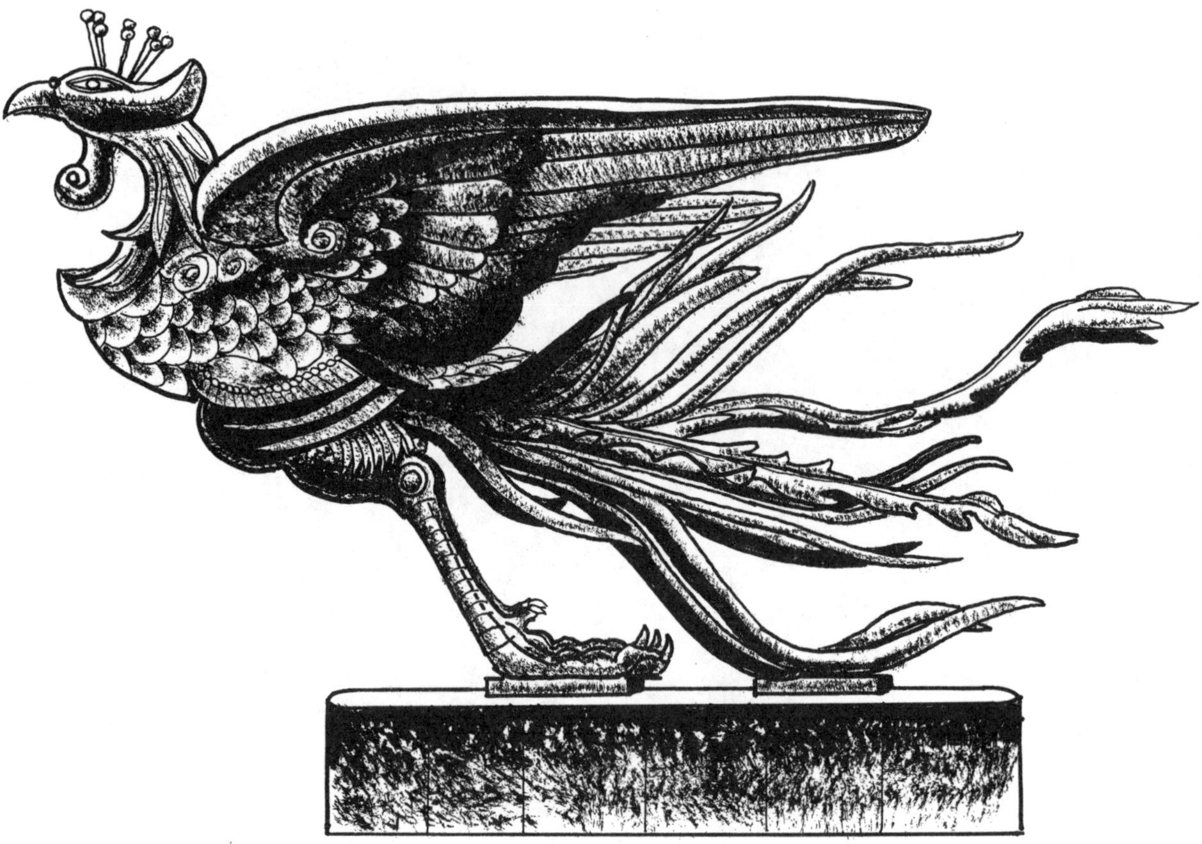

图 7-28 凤凰展翅（湖南凤凰城 城标）

图 7-29 火球凤凰（湖北荆州“凤凰之城”城标）

图 7-30 凤凰涅槃（云南大理崇圣寺广场）

图 7-31 金凤凰（山东青岛黄岛区）

图 7-32 凤鸟（西安大唐不夜城）

图 7-33 铜雕立凤（安徽芜湖鸠兹广场）

图 7-34 引凤台（铜雕）

图 7-35 朱雀扬尾（铜雕）

图 7-36 凤临宝地（山东利津凤凰公园）

图 7-37 火凤展翅（江西凤凰谷）

图 7-38 蓝天金凤（不锈钢铜雕）

图 7-39 龙柱和凤柱

图 7-40 石雕龙柱

（三）奇谲瑰丽的龙凤柱

龙凤柱中最多的是龙柱，龙柱的全称为“蟠龙抱柱”。蟠龙，是未升天之龙，在我国古代皇家建筑及高档寺庙中运用十分广泛，一般把盘绕在柱子上和装饰在梁上、天花板上的龙称为蟠龙。

汉代以后，龙形图案在建筑上装饰盛行，宫殿和高官富豪的宅第都以龙为装饰，龙柱逐步得到普及。唐代以后，龙成了皇宫的专用装饰图案，民间宅第的建筑便与龙无缘了。

蟠龙抱柱一般在上档次的殿宇和庙宇建筑上。从所用的材质看可分五个种类，即石雕蟠龙抱柱、木雕蟠龙抱柱、沥粉金漆龙柱、金属蟠龙抱柱和蟠龙彩毯裹柱。其中前三种龙柱较为常见。

在现存的蟠龙抱柱中，以石雕的最多，历代的民间石刻艺术家们，以一刀一凿之功，将龙的艺术形象借顽石而永生（图 7 – 39 至图 7 – 41）。

龙凤柱的形式很多，有鳞龙柱，无鳞龙柱，园林中装饰的龙柱以及龙凤在柱子上翱翔，在柱顶站立，在柱顶翻卷，有的还环绕利剑转动，均属于龙凤柱的范畴（图 7 – 42 至图 7 – 50）。

（四）多姿多彩的木雕龙凤构件

木雕龙凤装饰构件作为独特的建筑语言，用多姿多彩来形容是毫不夸张的。木雕龙凤装饰构件主要来自中国四大木雕流派：徽雕、浙江东阳木雕、山西木雕、福建永春木雕以及独具特色的潮汕木雕等，从类型上分有房梁、斗拱、门窗、牛腿、花板、梁托、梁枋、垂花柱以及屏风等。由于木质材料寿命有限，因此保存时间不长，今特撷取几件，以飨大家（图 7 – 51 至图 7 – 59）。

（五）气派豪华的龙凤舟船

龙船，即龙舟，是做成龙形或刻有龙纹的船只。古代有“真龙天子”之称的帝王们，行走水路时一般都要乘龙舟。皇帝乘坐的龙舟，高大宽敞，雄伟奢华，舟上楼阁巍峨，舟身精雕细镂，彩绘金饰，气象非凡。古文献中对龙船屡有提及，《隋书 · 炀帝纪》就有“御龙舟，幸江都”的记载，说的是隋炀帝乘龙舟游江南的事。北宋初年，浙东献龙舟，长二十余丈，上为宫室层楼。宋徽宗宣和年间，明州（今浙江宁波）奉命建造龙舟两艘，完

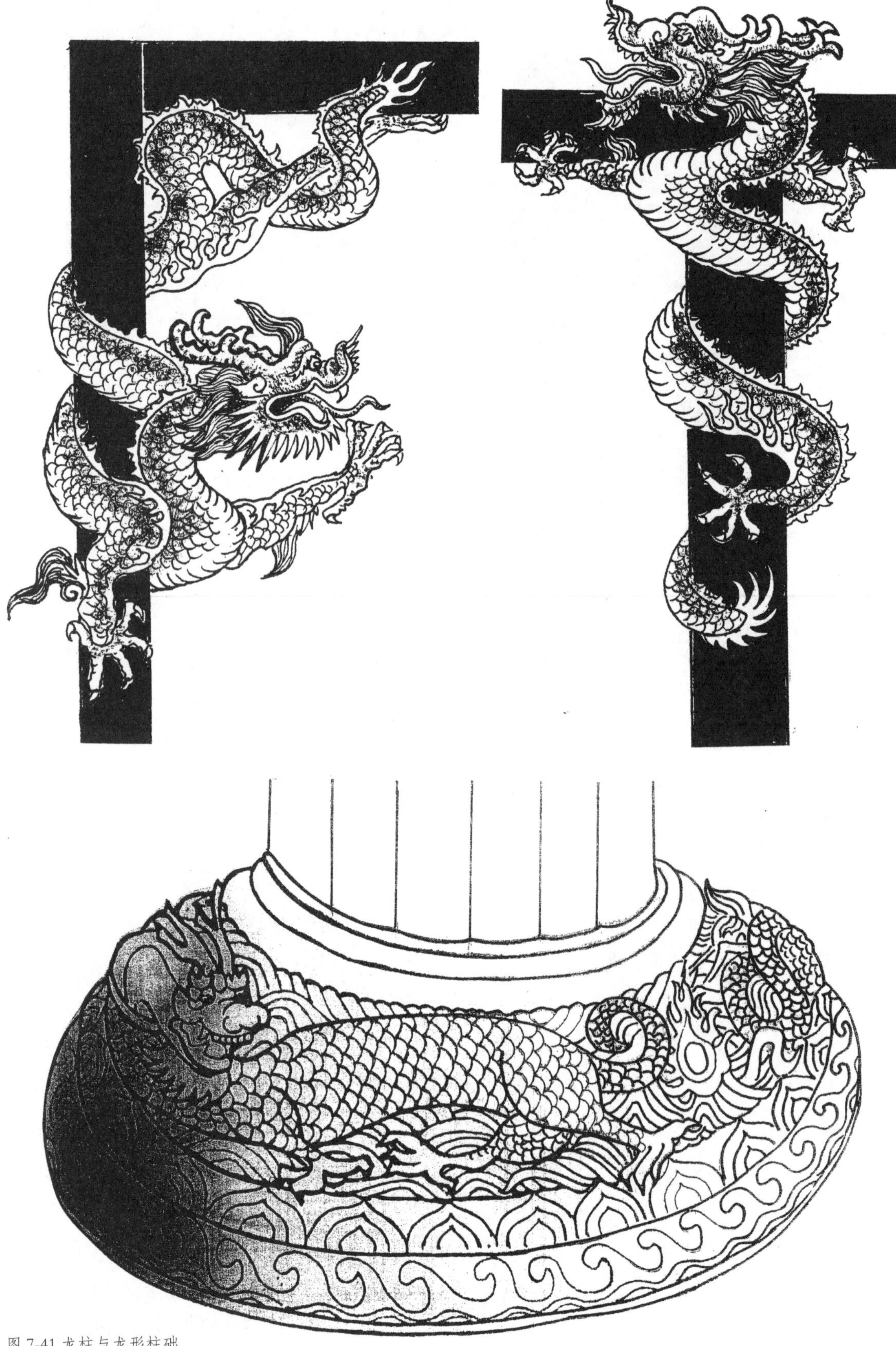

图 7-41 龙柱与龙形柱础

图 7-42 有鳞龙柱

图 7-43 无鳞龙柱

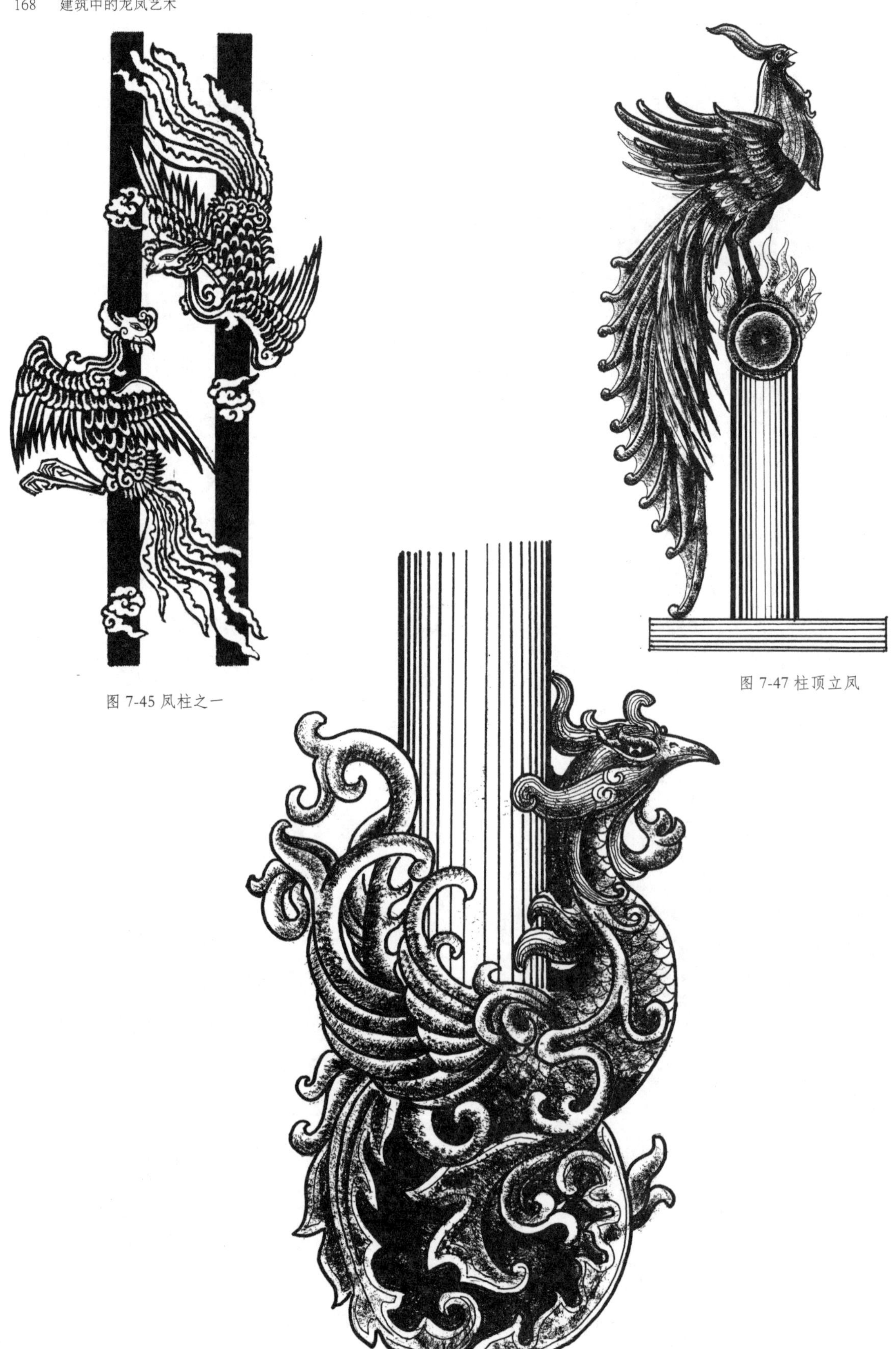

图 7-45 凤柱之一

图 7-47 柱顶立凤

图 7-46 凤柱之二

工后的龙舟“巍然如山，浮动波上，锦帆鷁首，屈服蛟螭”。据考证，船的载重量当在1100吨左右。船抵高丽时，“倾国耸观，欢呼嘉叹”，龙舟大长了国威。

与龙船相配的还有凤舟，顾名思义当是后妃们乘游的交通工具。

民间用来竞渡的龙舟和凤舟，与皇家的龙舟、凤舟不可比肩，一般都做得窄小狭长一些，以利赛事。

这里我们特设计绘制了豪华型的龙舟与凤舟，也设计绘制了摆件型的凤舟与凤车，供读者参考借鉴（图7－60至图7－64）。

图7-44 园林中的装饰龙柱

图 7-48 柱顶卷龙

图 7-49 柱龙

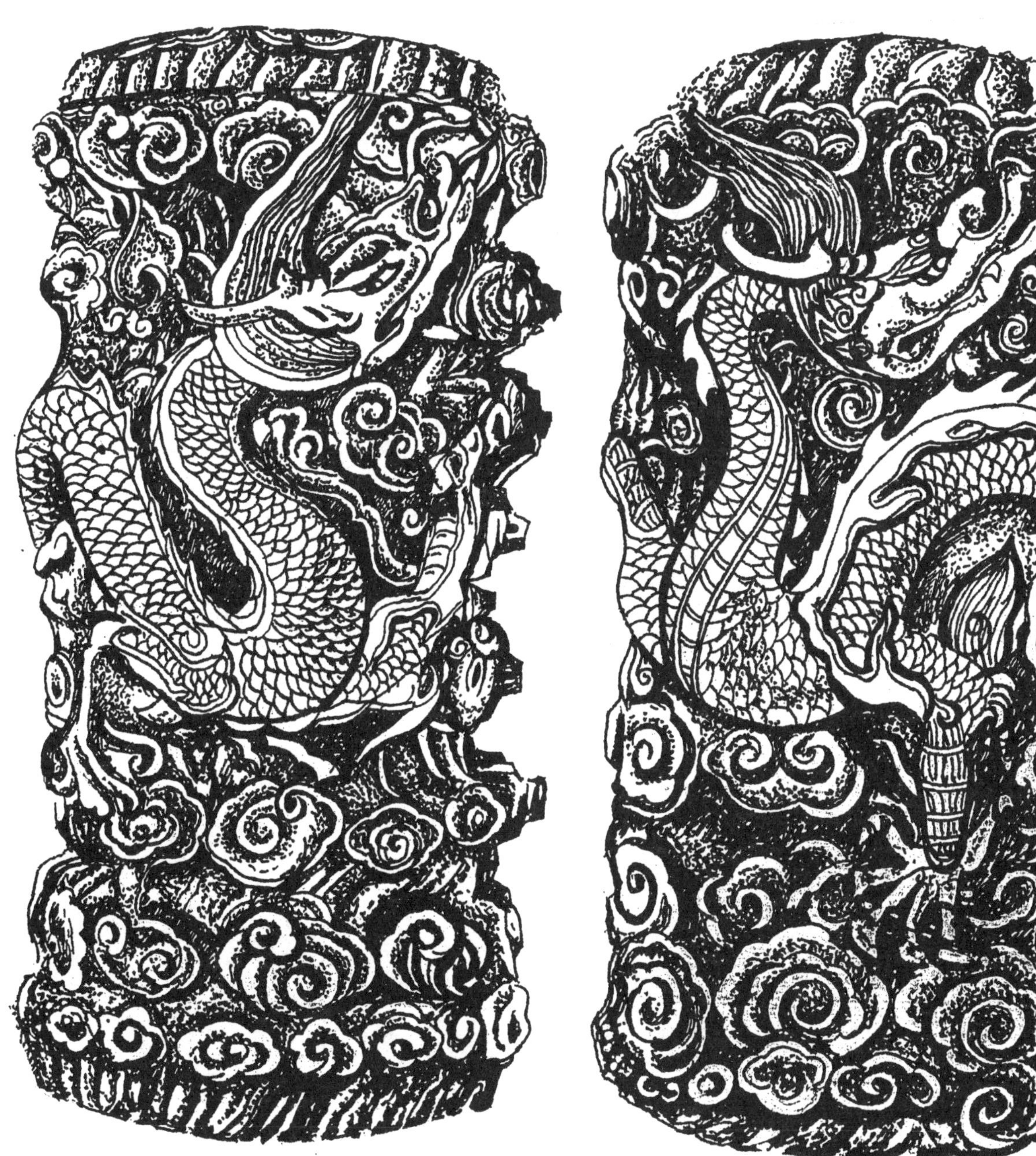

图 7-50 栏杆望柱头上的龙（石雕 · 明）

图 7-51 木构件龙头装饰　图 7-52 元宝梁 双龙戏珠

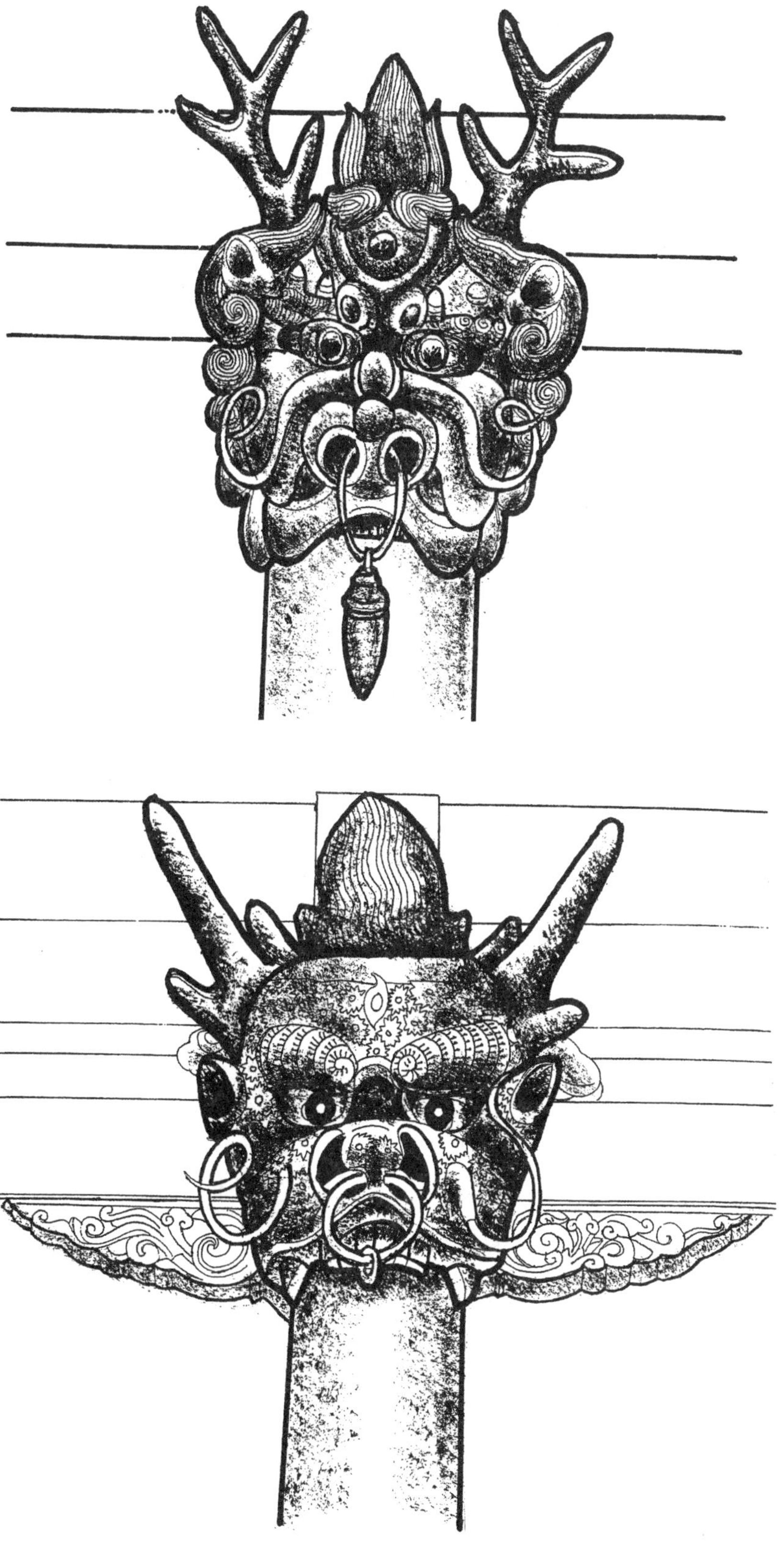

图 7-53 柱头龙雕两侧（山西大同云冈石窟 · 木雕）

图 7-55 门窗角装饰凤纹二例

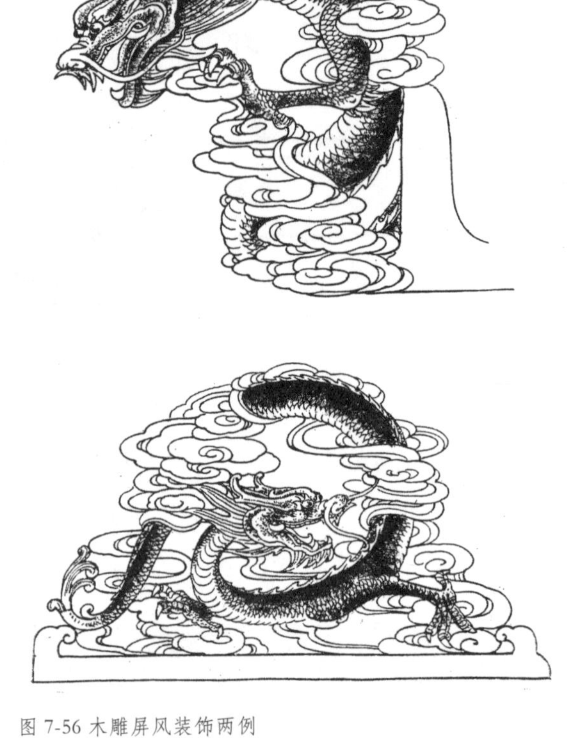

图 7-56 木雕屏风装饰两例

7-57 木构件龙纹装饰三例

图 7-54 兴云逐浪（民居牛腿）

图 7-58 云龙（木雕花板装饰）

图 7-59 丹凤采牡丹（木雕花板装饰）

图 7-60 龙船

图 7-61 凤船

图 7-62 长颈龙船及装饰

图 7-63 凤车摆件

图 7-64 凤船摆件

第八章 龙凤，永开不败的建筑装饰奇葩

龙和凤的造型集中了地上的走兽、天空中的飞禽、水中的鱼类中最精华的部分。如龙由狮的鼻、虎的嘴、牛的耳、金鱼的眼、鹿的角、马的鬃、蛇的体、鲤的鳞、鹰的爪、金鱼的尾所组成，再加上英武的剑眉，飘动的长髯，显得神奇而又威猛；而凤则由锦鸡的头、鹦鹉的嘴、孔雀的脖、鸳鸯的身、大鹏的翅、仙鹤的足、孔雀的羽、公鸡的冠所组成，再加上飘逸流动的尾、光彩炫目的飘翎，奇谲而又瑰丽。龙和凤的这些部件配置得又是那么得体和谐，威武中体现出灵秀，健美中显示出柔和（图 8 － 1、图 8 － 2）。

龙凤常和变幻莫测的云、水、火相伴，与花中之王牡丹、光明之神太阳组合，这就把龙凤娇美的身影衬托得更加神采焕发。每当它们翻卷腾飞之时，那跃动着的龙凤躯体和飘逸着的须发或羽翎，充满着激越的活力和优雅的旋律。更令人称道的是组成龙凤躯体的线条，既刚健挺拔，又婀娜柔和，纵横往复，宛转自如，连贯流动，绵延不断。配置上飞动的云朵、飞溅的水浪、冉冉的丹阳，绚丽的牡丹，形成虚实相映的场景，组成“云龙戏珠”、“云水双龙”、“神龙扬威”、“矫龙恋月”、“丹凤戏云”、“丹凤朝阳”、“比翼齐飞”、“凤采牡丹”、“火凤永生”、“双凤献瑞”等不同装饰意趣的画面，给人以美好的艺术享受。倘若将龙和凤配置在一起，则象征高贵的爱情，寓意荣华的夫妻，诸如“龙飞凤舞”、“龙凤呈祥”等，雄健威武的龙和隽雅秀丽的凤更使画面产生多姿多彩的动人魅力（图 8 － 3 至图 8 － 9）。

龙和凤的躯体本身具有高度的装饰性，可短可长，可方可圆、可随意蚰卷，适合各种各样的形态变化，成为建筑艺术中最富于东方色彩的装饰形象之一（图 8 － 10 至图 8 － 15）。

龙凤的造型，不仅在我国漫长的历史长河中呈现出是璀璨夺目的光彩，在高度发展的现实生活中，仍以各种秀美的形式在建筑中出现，显示出它永开不败的艺术魅力。

近年来，我国以龙凤为题材的建筑装饰和雕塑不断涌现，艺术家们按照自己的装饰手法，在简约、夸饰的形式中，对龙凤重新装扮，把自己的思想、气质、情感、审美凝聚其中，从而使这些龙凤形象，逐渐摆脱了

8-1 威武中现灵秀

图 8-2 健美中显柔和

图 8-3 云龙戏珠

图 8-4 神龙扬威

图 8-5 矫龙恋月

图 8-6 丹凤朝阳　图 8-7 比翼齐飞

图 8-8 火凤永生

图 8-9 双凤献瑞

图 8-10 团龙戏珠　图 8-11 升龙曲卷

图 8-12 太极团龙　　　图 8-13 长圆行龙

图 8-14 花团喜凤

图 8-15 四凤捧寿

它固有的神秘感和威慑感，代之而起的是龙凤的振奋精神和中华民族的艺术魅力，体现了一种艺术上的美、精神上的力。

有些宾馆、商店、酒家的建筑及装潢设计上，大胆地启用了秦汉瓦当石刻上的龙纹，有的甚至是青铜器皿中的夔龙夔凤图案作为标志或装潢，体现中华民族的传统，以此来象征其悠久的历史和深远的寓意。这些龙凤纹典雅别致，古朴庄重，意境含蓄，耐人寻味。

龙凤，这一有着东方美的民族艺术之魂，已渗透了整整30个世纪，它们那腾云驾雾、矫健腾舞的艺术形象，使我们领悟到很多美学上的道理。你看，在龙凤的身上焦聚着浪漫主义之美，这里的美既有适度的夸张，又有理想的幻化，夸饰得度，恰到好处，倘过分或不及便缺乏美感了；在龙凤的身上又焦聚着飘逸腾舞之美，这里的美恰好在虚实之间，太实，缺乏想象的灵度；太虚，则缺乏生命的依托。龙凤的多样统一之美，是从大自然禽兽的优美部件汇集起来的，在繁复中求得统一，在多彩中求得和谐（图8－16至图8－19）。

龙凤造型留给我们的是永恒的艺术魅力，其装饰生命是长存不朽的。龙凤，是一朵永开不败的建筑装饰奇葩。

图8-16 繁复中求统一

图8-17 多彩中求和谐

图 8-18 龙凤共体

图 8-19 行龙吠日

参考文献

1. 徐华铛 . 中国的龙 [m] . 北京：中国轻工业出版社，1988.
2. 徐华铛 . 中国凤凰 [m] . 北京：中国轻工业出版社，1988.
3. 徐华铛 . 中国龙凤艺术 [m] . 天津：天津人民美术出版社，2000.
4. 徐华铛 . 中国神龙艺术 [m] . 天津：天津人民美术出版社，2005.
5. 徐华铛 . 中国神兽艺术 [m] . 天津：天津人民美术出版社，2006.
6. 徐华铛等 . 中国凤凰造型艺术 . 天津人民美术出版社，2004.
7. 徐华铛 . 中国龙的造型 [m] . 北京：中国林业出版社，2010.
8. 徐华铛 . 中国凤凰造型 [m] . 北京：中国林业出版社，2010.
9. 徐华铛 . 神龙（彩色画册 . 上册） [m] . 北京：中国林业出版社，2012.
10. 徐华铛 . 神龙（彩色画册 . 下册） [m] . 北京：中国林业出版社，2012.
11. 徐华铛 . 祥兽瑞禽（彩色画册） [m] . 北京：中国林业出版社，2012.
12. 徐华铛撰文 . 画说中国龙（大型豪华彩色画册） [m] . 南昌：江西美术出版社，2011.
13. 王大有 . 龙凤文化探源 [m] . 北京：北京工艺美术出版社，1988.
14. 刘一骏 . 彩墨龙画法 [m] . 天津：天津杨柳青画社，2012.

后　记

我从小爱好龙凤艺术，为龙凤造过型，编过书。在我的眼里，龙凤的兴衰，是世道变迁的标记。童年时代，龙凤伴着我长大，但那时的龙凤仅仅是我对乡土的一种眷恋和美学上的启蒙，而现在，我对龙凤的情感依然未减，却与儿时不同。今天的情感是在眷恋之中更带有一种深重的责任，因为龙凤的腾跃、展翅，是我们时代兴旺发达的象征。在新世纪势不可挡的中华民族振兴大潮中，龙凤有着强大的感召力、凝聚力和向心力，她不仅是我们中华民族传统文化的标记，在国际舞台上，她甚至还代表着共和国的13亿人民。

我是从1978年开始设计龙凤形象，1984年开始编著龙凤书籍的，在长达38年的龙凤绘图、写作中，我首先得感谢中国轻工业出版社的李宗良先生、天津人民美术出版社的陈国英女士、中国林业出版社的徐小英先生和江西美术出版社的徐玫女士，正是他们的支持和催促，才激励我在龙凤艺术的来龙去脉和造型上忘我的耕植。1988年4月，《中国的龙》在中国轻工业出版社得到出版，初印10000册，不到半年便脱销；2000年1月，《中国龙凤艺术》在天津人民美术出版社，不到九年，便重印了十一次。其次我得感谢为本书提供有实用价值图稿的朋友们，如张立人先生、杨冲霄先生、郑兴国先生、李万光先生等，是他们的龙凤图稿为本书增添了光彩。我还得感谢我的同行们，是他们著述的龙凤书籍开拓了我的视野，如王大有先生、庞进先生、孙文礼先生、马慕良先生、刘一骏先生等，这里，让我以笔代腰，向他们致以诚挚的敬意。

为丰富自己的学识和积蓄对龙凤的素材，我曾数次沿着中华民族发祥地黄河古道西行，还从杭州起步，先后到南京、开封、郑州、洛阳、西安、咸阳等古都考察。当现代化的车轮在明、宋、唐、汉、秦的古道上飞奔时，内心充满着一种深深的激情，因为这里是龙凤的发迹之地，是龙凤的真正故乡，我望着车窗外飞驰而过的景物，陷入了深远而绵长的思索。

在这块古老的大地上，历代劳动人民的智慧和汗水曾浇灌过它，历代将士的鲜血和诗人的眼泪曾浸泡过它。那裸露在外的龙亭飞檐、龙门石窟、凤凰古迹、碑林纹饰、咸阳古道，这作为民族脊梁所遗留下来的史传古迹和斑斓文物，不仅给人一种历史的纵深感，而且还激起人们的民族自豪感。而沉睡在黄土层深处尚未开掘的秦皇汉武、乾陵地宫以及世世代代在这里繁衍的龙凤传人的遗址，又有多少神秘而炫目的灿烂文化，在向我们发出诱人的光焰？

啊，古风似梳，遗迹如流。在这里，我听到了神州远祖在历史古道上传来的足音回响，看到了华夏龙凤崛起、成长、吟啸、腾飞的身影。我拿着相机，捧着画本，摄下或画下了这众多龙凤的形象。

一个民族的文化积累是要靠一代代的人去接力的，从上个世纪八十年代初期，我便义无反顾地加入了龙凤文化的探索者行列。由于职业的关系，我把重点放在龙凤的造型艺术上。屈指算来，这已经是我著述的第十二本龙凤专集。

现在，《建筑中的龙凤艺术》已来到您的面前，掂掂分量，总感到不足，觉得还有一些话要说，还有一些图要补，但限于篇幅，只有蓄芳待来年了。

徐华铛

2017年7月

于浙江省嵊州市东豪新村“远尘斋”

图书在版（CIP）数据

建筑中的龙凤艺术 / 徐华铛著绘. -- 上海 : 同济大学出版社，2018.11
ISBN 978-7-5608-7489-0

Ⅰ. ①建… Ⅱ. ①徐… Ⅲ. ①建筑装饰—装饰图案—研究 Ⅳ. ① TU238

中国版本图书馆 CIP 数据核字 (2017) 第 288814 号

主要绘图：徐华铛

其他绘图：张立人　李万光　杨冲霄　郑兴国
徐积锋　刘一骏　郭　东　张　耿

建筑中的龙凤艺术

著　　绘　徐华铛
责任编辑　那泽民
装帧设计　润泽书坊　刘冠初
责任校对　张德胜
出版发行　同济大学出版社
（上海四平路 1239 号　邮编：200092　电话：021-65985622）
网　　址　www.tongjipress.com.cn
经　　销　全国各地新华书店
印　　刷　上海丽佳制版印刷有限公司
开　　本　787mm × 1092mm　1/16
印　　张　12.25
字　　数　306000
版　　次　2018 年 11 月第 1 版
印　　次　2018 年 11 月第 1 次印刷
书　　号　ISBN 978-7-5608-7489-0
定　　价　58.00 元